U0408772

米莱知识宇宙

启航吧知识号

地表最强的武器战队

米莱童书 著/绘

北京理工大学出版社
BEIJING INSTITUTE OF TECHNOLOGY PRESS

推荐序

我从小就有一个梦想，一个“橄榄绿”的梦想。小时候，每当我看到身穿“橄榄绿”的解放军叔叔的飒爽英姿时，便会心生羡慕，默默地下定决心：“我长大也要当兵！”

1983 年，我进入国防科技工业领域，工作是研究及设计坦克。从那时起，我实现了我的军人梦，因为坦克服役于人民军队，冲锋陷阵，强军报国！

也许正是由于我早早与武器结缘，所以当我得知《兵器知识》杂志社参与策划的《启航吧，知识号：地表最强的武器战队》系列图书将与广大读者，尤其是青少年朋友们见面时，我为现在的青少年能够通过这套图书去了解现代武器装备感到由衷的高兴。

我们求知，一定要讲究知其然更知其所以然。《启航吧，知识号：地表最强的武器战队》围绕着数种武器展开，从导弹、航母、潜艇、战斗机，到枪械、单兵装备，以及我最熟悉的坦克和装甲车；从武器性能、发展历程，到装备和新技术的应用原理、实战演练效果；从武器的强悍之处，到其背后的数学、物理、化学、仿生学等多学科知识。这套书用拟人的手法，通过轻松幽默的漫画、跌宕起伏的故事，生动地展现了与日常生活截然不同的武器世界。

我也希望《启航吧，知识号：地表最强的武器战队》的青少年读者们，既然生逢祖国全面发展的大好时代，就要努力利用好越来越丰富的信息资源，让自己的认知水平和知识储备实现长足发展。在你们之中，定能产生中国未来的国防科技工业栋梁之材。

中国 99A 式主战坦克总设计师

04 式履带式步兵战车副总设计师

中国科学院技术科学部院士

中国北方车辆研究所教授级高级工程师、博士生导师

毛明

米莱知识宇宙

创作者团队

组织策划

《兵器知识》杂志社

1979 年创刊，国内著名军事科普期刊，曾入选“新闻出版总署双奖期刊”、“中国期刊方阵”双奖期刊、“新中国 60 年有影响力的期刊”、国家新闻出版广电总局“向全国少年儿童推荐百种优秀报刊”、中国期刊协会“全国中学图书馆馆配期刊推荐目录”、中国科协“精品科普期刊”、中文期刊网络传播排行榜 TOP100，漫画作品曾入选中宣部“原动力中国原创动漫出版扶持计划”。

策 划 人： 谢祎莎

顾问专家： 姜 彬 熊 伟 李海峰 王 颂 秦 蓁

作者团队

inno-nano 工作室

长期撰写有关工程技术方向的科普内容，旨在用“有趣”的专业内容更好地向青少年铺陈与讲述。

文案脚本： 杨夏飞 某军工集团公司高级工程师。从事光电通信、嵌入式移动平台及数字化网络工作。

潘志立 哈尔滨工程大学工程力学专业毕业，深耕科普写作。曾与中科院、兵器工业集团等科研机构合作。

米莱童书 | 米莱童书 点亮孩子的未来

由国内多位资深童书编辑、插画家组成的原创童书研发平台，曾获 2019“中国好书”大奖、桂冠童书奖，创作的作品多次入选“原动力中国原创动漫出版扶持计划”。是中国新闻出版业科技与标准重点实验室（跨领域综合方向）授牌的中国青少年科普内容研发与推广基地，曾多次获得省部级嘉奖和国家级动漫产品大奖。团队致力于对传统童书阅读进行内容与形式的升级迭代，开发一流原创童书作品，使其更加适应当代中国家庭的阅读需求与学习需求。

出 品 人： 刘润东

原创编辑： 王 佩

漫画绘制： 王婉静 张秀雯 臧书灿 徐 逗 邹 玮 王梦昕 孙若琳

装帧设计： 辛 洋 张立佳 刘雅宁 汪芝灵 马司雯

我是一颗导弹上的陀螺仪，为什么会出现在这里？
嘿！维尔科，我的老伙计，我们又见面了。
因为我们一起就能组成“地表最强战队”！

目录

陆战之王

最强的盾

千里之外

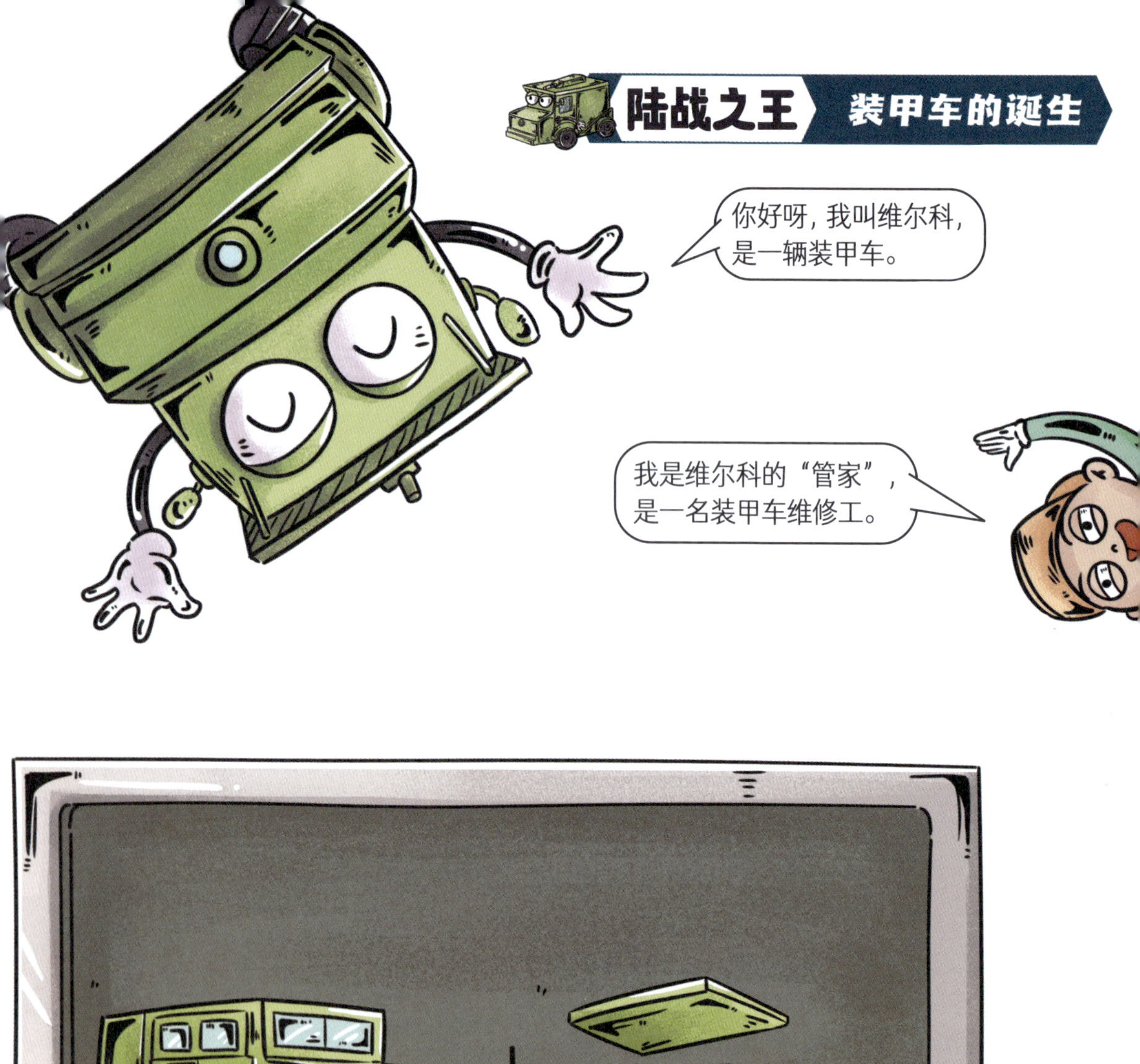
你好呀，我叫维尔科，
是一辆装甲车。
我是维尔科的“管家”，
是一名装甲车维修工。

军用汽车
装甲
所谓装甲车，就是
披上了装甲的车。

那在装甲车出现之前呢?

MLTV
敌人把牧民的铁丝网搬上战场，阻拦了士兵们的进攻。

MLTV
机枪的出现让士兵们更加寸步难行。

MLTV
我去帮帮他们！

兄弟们，我来了！
危险！

装甲越厚越好？

自从有了装甲车，士兵们就不怕铁丝网和机枪了，因为装甲车的装甲可以冲破铁丝，抵御子弹。

你完了!
这是什么?
砰!
危险!

MLTV
这枪的威力也太大了，太可怕了！还好你及时把我拽出来了！
你需要更厚的装甲。

装甲越厚越安全……
这装甲太沉了，根本跑不动啊！

神奇的倾斜装甲
你怎么回来了？
我需要“减负”！
你要换回这个？
不不不！那副装甲已经被打得面目全非了，有没有既轻便又坚固的装甲？
有这个！
斜的车头？

MLTV
你有没有发现，你每次都是正脸挨打最多，两侧和屁股挨打比较少？
是啊，打人不打脸！敌人太没礼貌了！
40 毫米
60 毫米
40 毫米
其实，你只要把正脸换成倾斜的装甲，就能克敌制胜啦！
同样厚度的装甲只要倾斜一定的角度，就能延长子弹要穿过的距离，从而变相“加厚”装甲，子弹就打不透啦！
这是谁的主意，太机智了吧！
不用穿得那么厚重就能增强防弹效果，就它了！

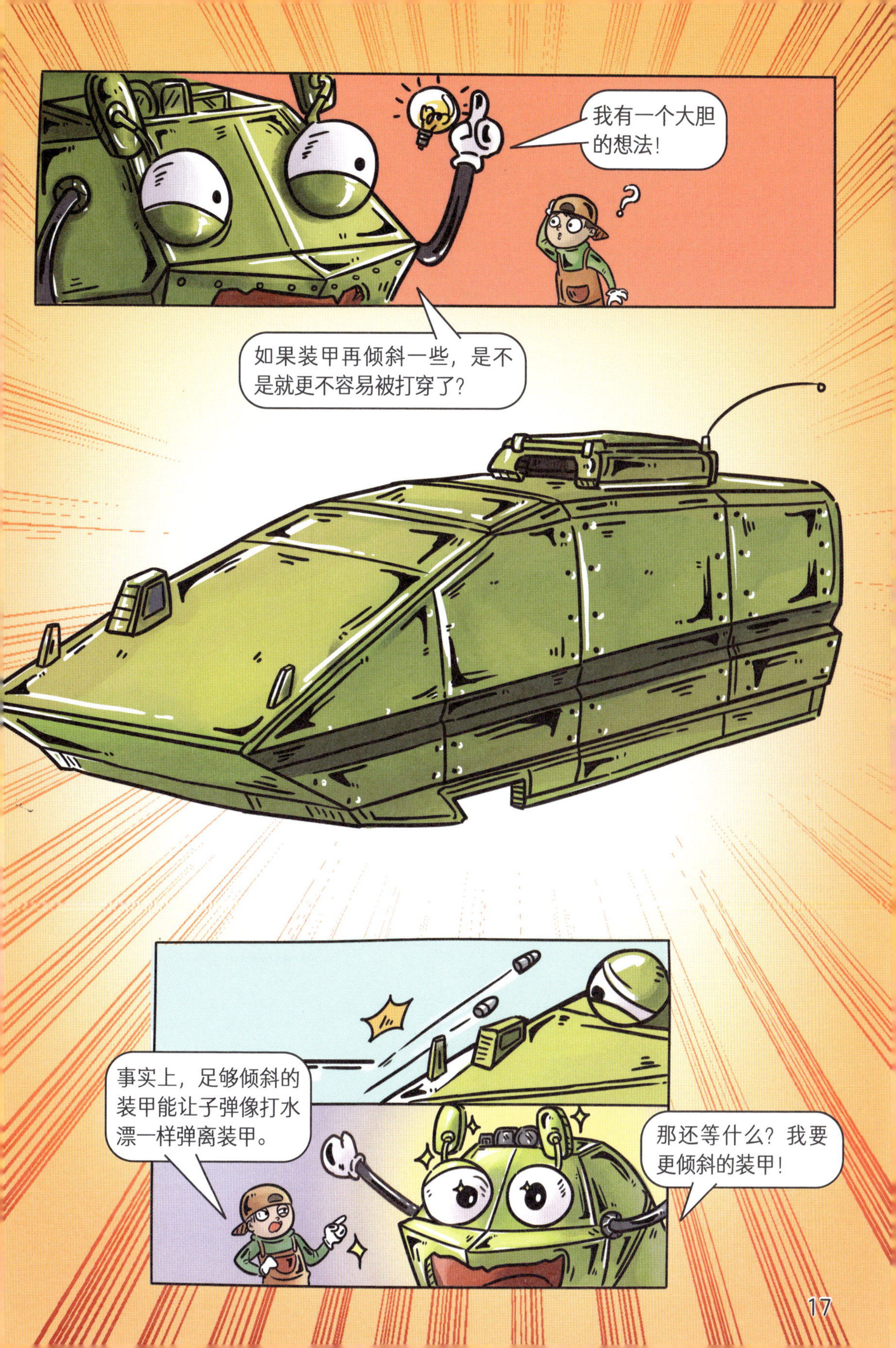
我有一个大胆的想法！
如果装甲再倾斜一些，是不是就更不容易被打穿了？
事实上，足够倾斜的装甲能让子弹像打水漂一样弹离装甲。
那还等什么？我要更倾斜的装甲！

全新的威胁
兄弟们，我回来了！这次我一定好好保护你们！
兄弟，你还好吗？
是新型穿甲弹……倾斜装甲也不行……快跑！
别想跑！
你……你们是谁？
哼，你马上就知道了！

变身！
我哥们儿穿甲弹能在飞行中脱掉外壳，连倾斜装甲都能轻松穿透，这下你完了。
救命！
危险！
MLTV
快……走……
兄弟，你……
MLTV

我卡住了！破甲弹，你还愣着干什么？干掉他！
大哥放心，交给我吧！
距离太近了，根本跑不掉，怎么办啊？
差点把我也打穿了，快走！
啊！好！

好可怕！装甲直接被射穿了一个洞！
MLTV
MLTV
有本事别跑！
你们那么可怕，不跑？当我傻吗？
这种破甲弹射出的是高温金属，能轻松射穿钢板，就像一把能喷出岩浆的水枪。

不同材料的魅力

穿甲弹和破甲弹也太猛了，难道我只能穿上那套厚重的装甲了吗？
穿上那套装甲确实行动困难，也许我们可以考虑改变装甲的材质……

装甲还可以换材质？我以为必须用钢板呢！

装甲有多种材质。
比如橡胶，它有弹性，可以吸收炮弹的冲击力。

比如陶瓷，它虽然很脆，但其实比钢还要硬！

密度不同的材料会改变炮弹的速度。
水
油

材料属性不同，还会导致弹头像我这样“打滑”。我好晕啊……

但是这些材料真的好用吗？听起来都很脆弱啊！
那我们试试好了！

普通的装甲只有钢铁一种原材料，叫均质装甲。

好几种材料叠加在一起的装甲叫复合装甲，复合装甲有更多的特性。

其实空气也能成为装甲的“夹层”哦。
空气？真的假的？

用空气充当装甲材料？这能防弹吗？
哼，看好了！

哇，空出一点距离，再加一层钢板，真的能防住这道金属射流了。
你看，空气还是很有用的吧！
安然
无恙

复合装甲诞生了！

钢板、橡胶、陶瓷装甲……

完成啦！我的 DIY 复合装甲！

哇，竟然比之前的大钢板轻！
旧装甲
新装甲

嗯，外形也不错……
我这儿还有好东西呢！

你……你这是要干什么？
炸药
除了刚才那些材料，炸药也能组成装甲。

在装甲外挂一层炸药，这就是“反应装甲”了，或者叫“爆炸反应装甲”。
真的假的……

反应装甲被炮弹命中后，会主动爆炸，这样炮弹就没多少破坏力了。

装甲车的装甲如果太薄的话，就无法使用反应装甲，因为反应装甲还是会对自身的装甲板造成损害。

所以，大部分使用反应装甲的都是坦克和重型装甲车。

装上复合装甲还不够吗？
还有什么东西能防弹呢？
对了！沙袋可以防弹，是不是也能保护我？

办法总比困难多

不如试试这个吧！
?
? ? ? ? ? ?

这看起来像是把自己关进了笼子里……
错！这些栅栏可以帮你把炮弹关在笼子外面。
复合装甲加沙袋加栅栏，我现在感觉自己已经无敌了！
防御能力提高了是好事，但千万不能轻敌啊！

这次我一定要帮你们结束战争！
不好！进来的时机不对！
咦？我还活着？

哇！维尔科！

栅栏防御火箭推进榴弹一类的破甲弹挺有效，或者让炮弹卡在外面，或者提前引爆炮弹让射流分散，但防御穿甲弹的效果不太好。

装甲车的动力：发动机

打赢一场仗真不容易，我需要休息……
别瞎说了，你又不是牛又不是马，你前进的动力都是由发动机提供的。

好吧，我是不怎么累，可是我饿了！需要来一顿大餐！
看样子确实是没油了……

对！现在过来……带一桶汽油！
嗯？

咕咚咕咚！
慢点喝，怎么喝个汽油还这么开心……
您是？
这是我以前帮忙维修过的装甲车，喊他来给你送汽油的。
哈哈哈，我和管家是老朋友了。
你们年轻人怎么现在还在用汽油发动机？我这个老头子都换上柴油发动机了……
什么意思？

汽油车的烦恼

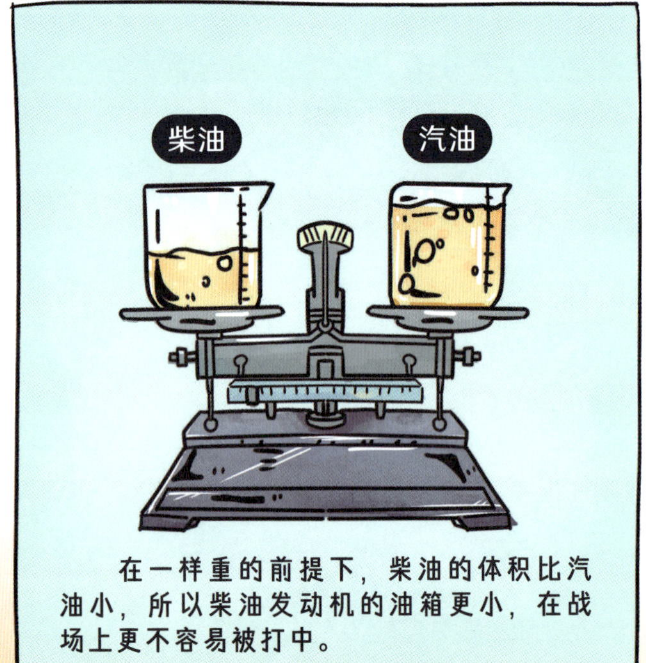

在一样重的前提下，柴油的体积比汽油小，所以柴油发动机的油箱更小，在战场上更不容易被打中。

和柴油相比，汽油需要更高的温度才能被点燃。所以，柴油发动机的构造比汽油发动机要简单一些。

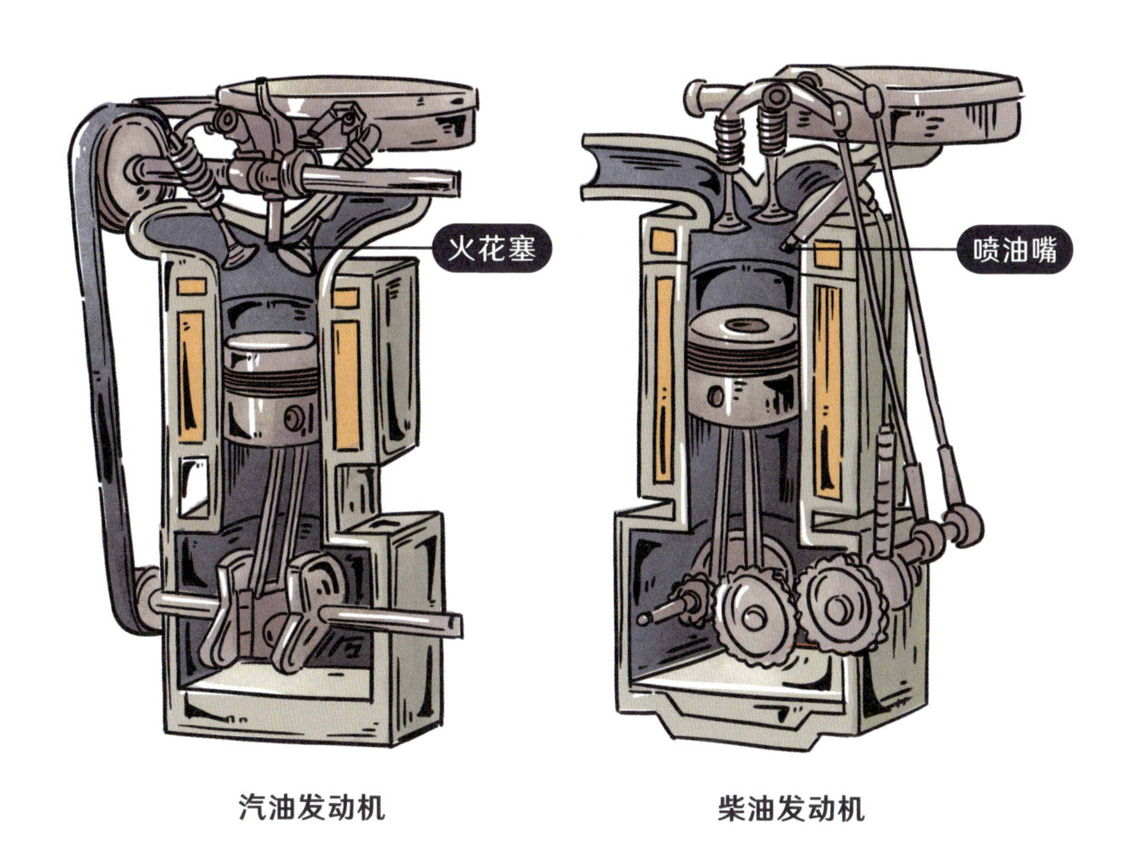

汽油发动机

柴油发动机

汽油发动机必须有火花塞，像打火机一样点燃汽油。而柴油发动机不需要火花塞，结构更简单。

还是换柴油吧

柴油发动机又小又简单，汽油发动机又大又复杂……

那你为什么不给我换成柴油发动机啊？
我是有这个打算的，但是最近一直折腾装甲，没时间……

那现在就换！现在总有时间了吧？
现在也没有工具啊，都在车库呢……

回车库！
等等我！
哈哈，真是有精神的年轻人啊！

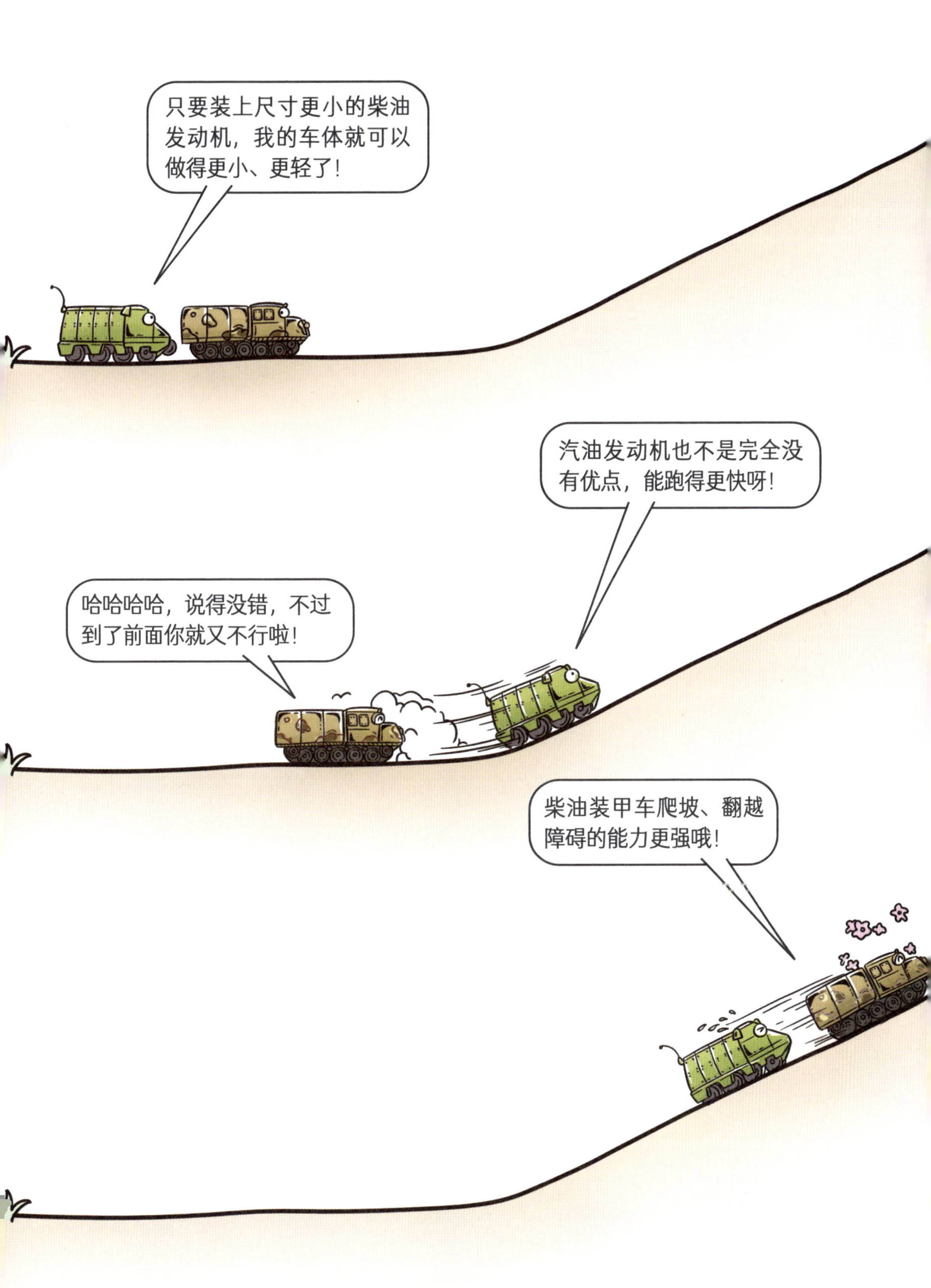
只要装上尺寸更小的柴油发动机，我的车体就可以做得更小、更轻了！
汽油发动机也不是完全没有优点，能跑得更快呀！
哈哈哈哈，说得没错，不过到了前面你就又不行啦！
柴油装甲车爬坡、翻越障碍的能力更强哦！

有了！
你想干什么？

我要加速冲刺！

危险!
哈哈,我翻过来啦!
咚!
落地震得我好晕啊!

维尔科,你没事吧?
还是快回车库好好检查一下吧!
我感觉很不好,好像车体内的零件也被震坏了……

刚才震得太猛了，
要想办法减震。

那是不是在轮胎旁边加
几个弹簧就可以了？
是的，我正打算
给你装几个。
装好了，你试试！
哇，感觉像踩在棉花上一样！
但这些弹簧也太
大了吧？
哈哈哈，我还是
给你装扭杆吧。

扭杆有弹性，可以扭转变形，就像拧完的毛巾，一松手就能恢复原样，扭杆能达到弹簧的效果。
再装个活塞吧，一步到位！

行，一步到位！
什么意思？你们在说什么呢？
装上活塞，你就可以随时随地调节减震效果了！
这么厉害！怎么做到的？

车轮的震动会传递给活塞，就像打气筒一样，把油压出、挤进活塞，油在流动过程中产生摩擦力，就消耗了震动的能量，从而实现减震效果。

哇！我可以抬这么高，这样车身上的枪炮都能打得更远了。

哇！我现在感觉好极了！我们快出去测试一下吧！
我看你就是单纯想玩吧……

哇哦！太爽了！
小心看路啊！

这讨厌的泥地！
你看，我说什么来着？
只要你还用轮胎，就拿这些泥潭没办法。
快帮帮我，管家！

为什么要给我的轮胎下垫木板啊？
你看这两块木板又硬又平整，像不像马路？有了平整的马路，自然就能走出泥潭了。
为什么你没有陷进来呢？
哈哈，因为我有履带呀！

履带的秘密
轮胎
履带
你看，轮胎与地面接触的部分很小，但履带与地面接触的部分很大。
跳水运动员和水面的接触部分很小，很快就扎进水里了；扁平的竹排和水面的接触部分很大，能浮在水面上。又宽又扁的履带也符合这样的规律。
和普通汽车比起来，咱们装甲车都是“超重选手”，没有平整的履带就很容易陷进泥潭里。
我们装甲车太难了！

可是轮胎跑得快！
别忘了我们日常行进的场合——野外和战场！
不小心压在炮弹碎片上，爆胎的声音都能吓你一跳！

卡住
战场上的壕沟容易把轮胎卡住。

轻松
但履带车就能轻松通过。

好想拥有履带……
你是轮胎式装甲车，不能直接装履带。
这就是履带！把一块块铁板串起来挂到轮子上，就再也不会陷进泥潭里啦！

咦？你的轮子怎么
不是圆的呀？
我的轮子必须和履带紧密地
咬合在一起，这样履带才不
会脱落，所以我的轮子不是
圆的，而是齿轮形状的。
那我富有弹性的
橡胶轮胎就完全
没用了吗？
那倒也不是，在金属
履带上加一层橡胶也
是不错的选择。
这种橡胶金属履带的优点是
发出的噪声小，乘坐时舒适
性好，但橡胶不耐高温，只
适合在公路多的地方跑。
当然了，现在的你也
装不上这样的履带！

好了，维尔科，别难过了，履带式装甲车也有一堆麻烦事的。
比如说？

履带要经常维修，还要经常加润滑油，跑起来才能更顺畅。

而且履带转弯和轮胎车不一样，很有意思！
有意思？

履带车怎么转弯？

履带车如果要往右拐，就要保持右边履带不动，只转动左边履带。

就像圆规一样，一只脚固定不动，另一只脚就能画圆了。

如果两条履带反向转动，那就可以原地打转了。
哈哈，有意思！再转快点儿！

哇，好快！太酷了！
好了维尔科，别折腾我的老朋友了。

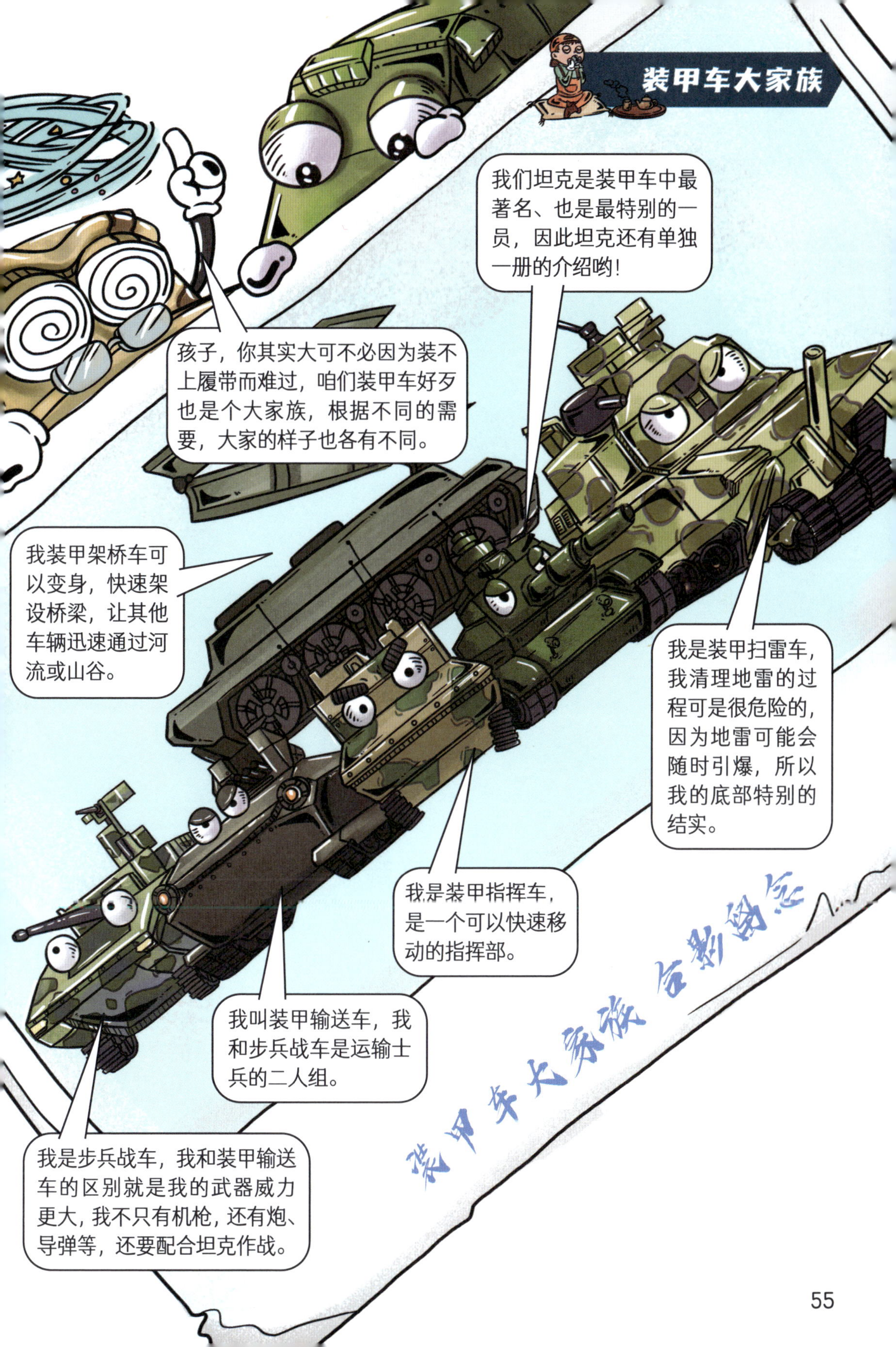
孩子，你其实大可不必因为装不上履带而难过，咱们装甲车好歹也是个大家族，根据不同的需要，大家的样子也各有不同。
我们坦克是装甲车中最著名、也是最特别的一员，因此坦克还有单独一册的介绍哟！
我装甲架桥车可以变身，快速架设桥梁，让其他车辆迅速通过河流或山谷。
我是装甲扫雷车，我清理地雷的过程可是很危险的，因为地雷可能会随时引爆，所以我的底部特别的结实。
我是装甲指挥车，是一个可以快速移动的指挥部。
我叫装甲输送车，我和步兵战车是运输士兵的二人组。
我是步兵战车，我和装甲输送车的区别就是我的武器威力更大，我不只有机枪，还有炮、导弹等，还要配合坦克作战。
装甲车大家族合影留念

地面作战系统
如今的我们已经不再孤军奋战，未来也会与各种不同装备协同作战。
每种装备担负不同的任务，通过强大的网络保持联络，形成整体的战斗集群，完成多种任务。
哇,好酷!

问 答

有哪些离谱的装甲车？

一提到装甲车，我们就会想到厚厚的装甲、大大的体形，以及车里能装下好多名士兵，就像战场公交车一样。普通的轮式装甲车虽然能在公路上跑得飞快，快速赶往战场前线，但人们并不满足，他们想让装甲车神出鬼没地出现在敌人背后。于是，人们研制出了能空降的装甲车。

这种装甲车重量非常轻，牺牲了装甲和火力，可以像伞兵一样，从运输机上跳下来，在空中打开降落伞，最后平稳着陆。等车组成员也从飞机上伞降并落地上车后，就能发动装甲车，向敌人的背后突袭。

俄罗斯更是一步到位，研发出了新战术，让车组成员待在装甲车内，和车子一同跳伞，落地就能战斗。这种装甲车是空降兵的有力武器。

你好，我叫常平，是一辆坦克，
也是维尔科的好朋友。
咱们何止是好朋友，
明明是一家人！

虽然装甲车不一定是坦克，
但坦克一定是装甲车！

我怎么过去？
维尔科，你慢慢想办法，
我先上战场了！

看好了！

装甲车可以载着士兵们在战场上穿梭，就像是战场公交车。而坦克的火力更猛，能用强大的火力打破敌人的防线！
常平好厉害！

砰！

哇——

比起装甲车，坦克的防御值更高，让人更有安全感！
跟在坦克后面就是放心！

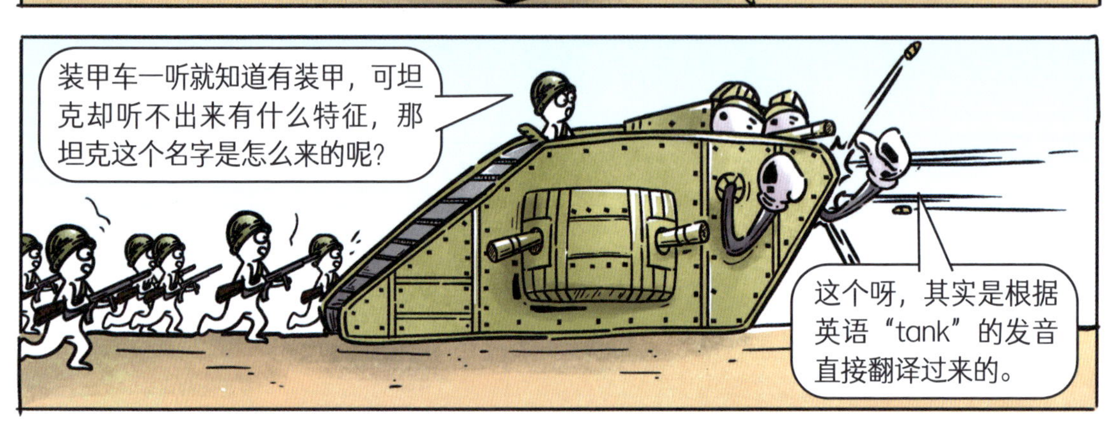
装甲车一听就知道有装甲，可坦克却听不出来有什么特征，那坦克这个名字是怎么来的呢？
这个呀，其实是根据英语“tank”的发音直接翻译过来的。

TANK
TANK
当时的设计师为了保密，起了“tank”这个名字，在英语里是水柜的意思。
确实，你的身材也挺像水柜的。

炮塔转起来

轰
啊……这……
常平，你的转向也太慢了。
唉，我也没办法，我的炮口必须跟车身一起转。
听说基地的工程师最近解决了这个问题，你要不要回去看看？
真的吗？我现在就去！

工程师！我要能单
独旋转的炮口！
常平，又是你！就
不能好好敲门吗？

就是这个了，我们新
研发的炮塔，通过齿
轮可以独立旋转。
哇！

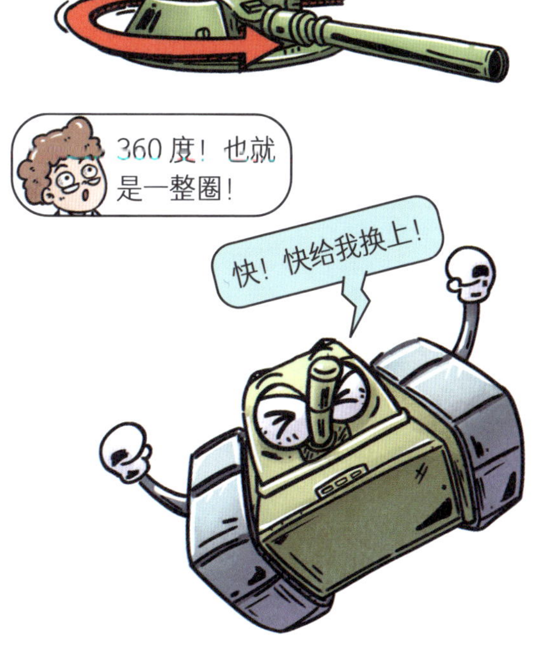
能转多少度？
360 度！也就
是一整圈！
快！快给我换上！

新炮塔的火力很猛，
你可以把车身两侧
的火炮卸掉了。

我变小了！
也变强了！
没了两侧的火炮，你的车身还能改小。

嘿
可真快!
小心点!
哈
太爽了，我这就回战场一雪前耻!
等下，还没升级完呢!

还打我，现在让你见识见识我的厉害！
咦？怎么射歪了？
怎么又歪了？
这炮口也太晃了吧！我根本瞄不准！
TocTocTo

没办法，只能
停车瞄准了。
不好！停车就成敌
人的靶子了！
炮弹来了！
太危险了，撤退！撤退！

工程师！新炮塔太坑人了，根本没法边行驶边瞄准！

我都说了还没升级完，你还没装火炮稳定器呢！
火炮稳定器是什么？

让陀螺仪来告诉你吧！
没错，又是我！

稳定射击的秘诀

那你也能帮我在开炮时保持稳定吗？我平时可不在空中或水里，我是在坑坑洼洼的地面上前进的！

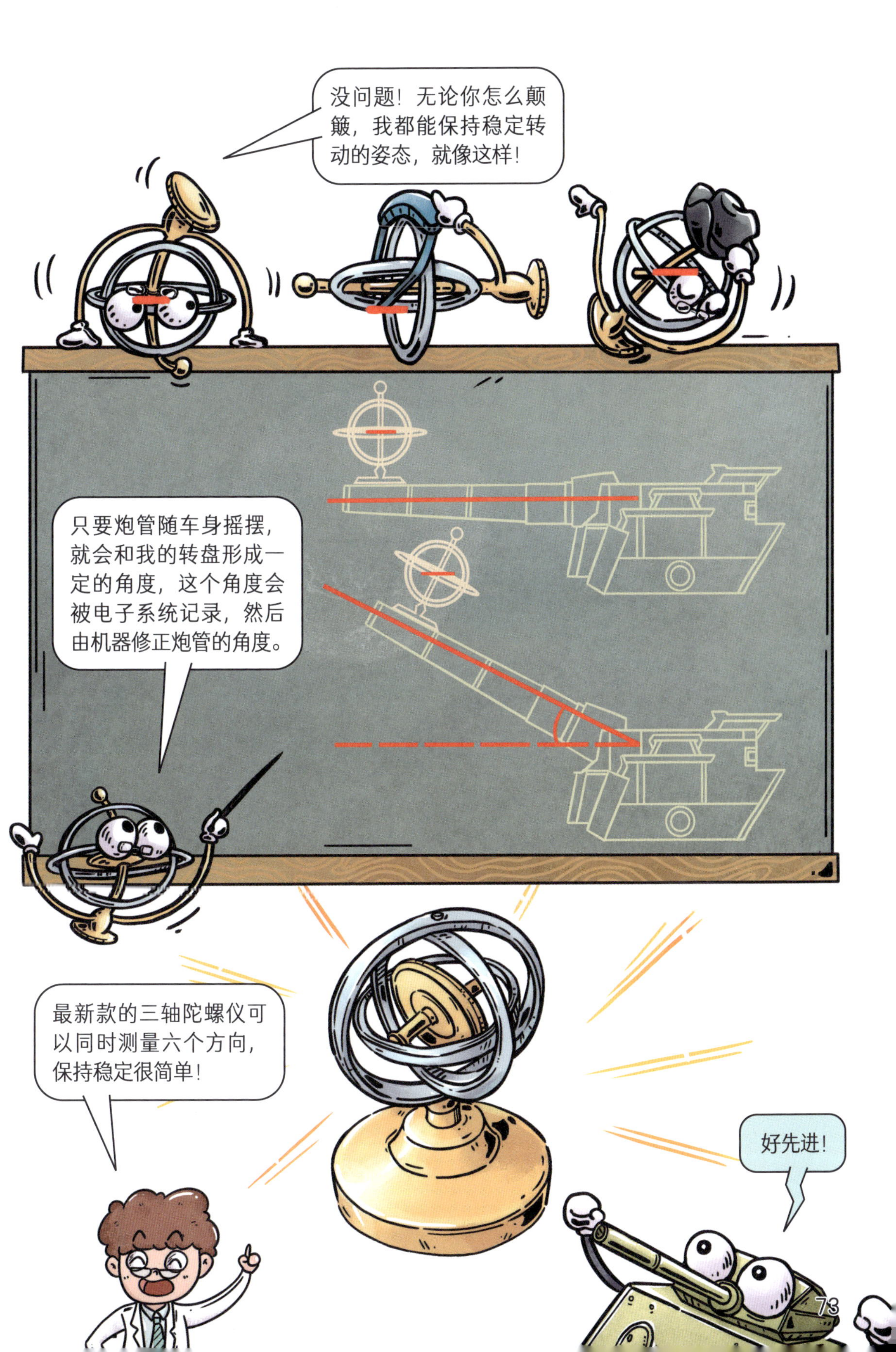
没问题！无论你怎么颠簸，我都能保持稳定转动的姿态，就像这样！
只要炮管随车身摇摆，就会和我的转盘形成一定的角度，这个角度会被电子系统记录，然后由机器修正炮管的角度。
最新款的三轴陀螺仪可以同时测量六个方向，保持稳定很简单！
好先进！

现在你有了最先进的稳定器，去野外跑跑看，这杯水可别洒了哦。
你是认真的吗?!
嘿
嚯
车身起伏这么大，水杯竟然没倒!
哈
水没洒，陀螺仪太厉害了!
现在你可以上战场了!

你怎么还不走?
我在思考，能稳稳地发射炮弹很不错，可如果我根本不知道该往哪儿发射怎么办?
有时候，我在战场上根本找不到敌人,只能看到灌木和草丛。

那可能是敌人的伪装。
好人做到底，我再送你个好东西!

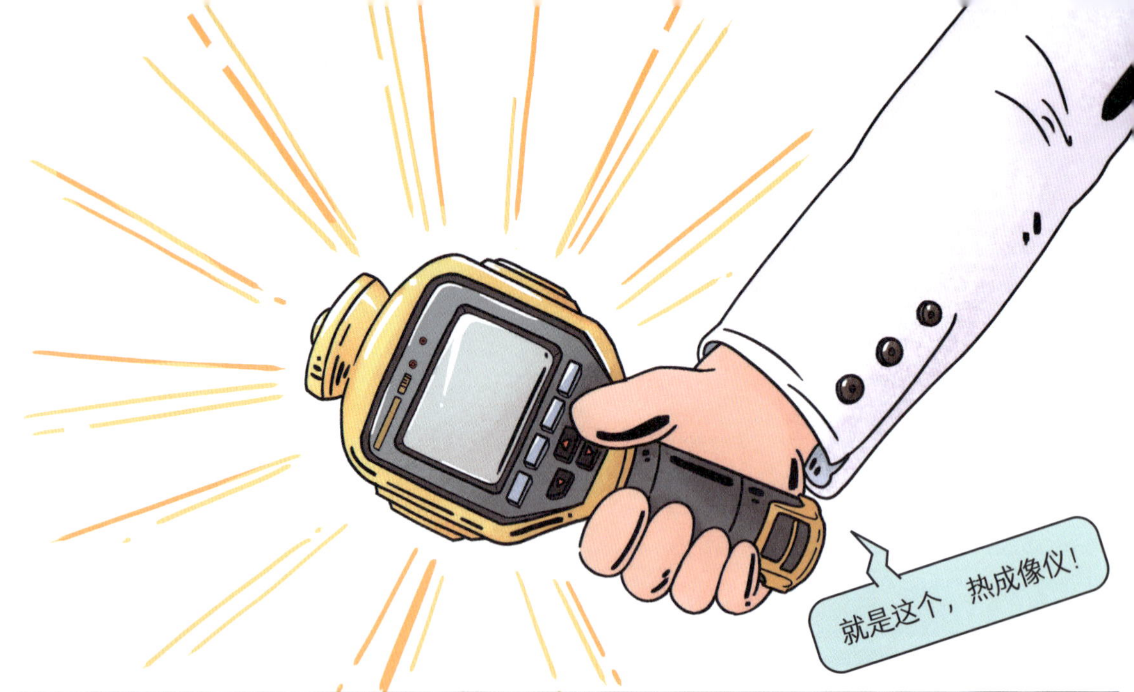
就是这个，热成像仪！

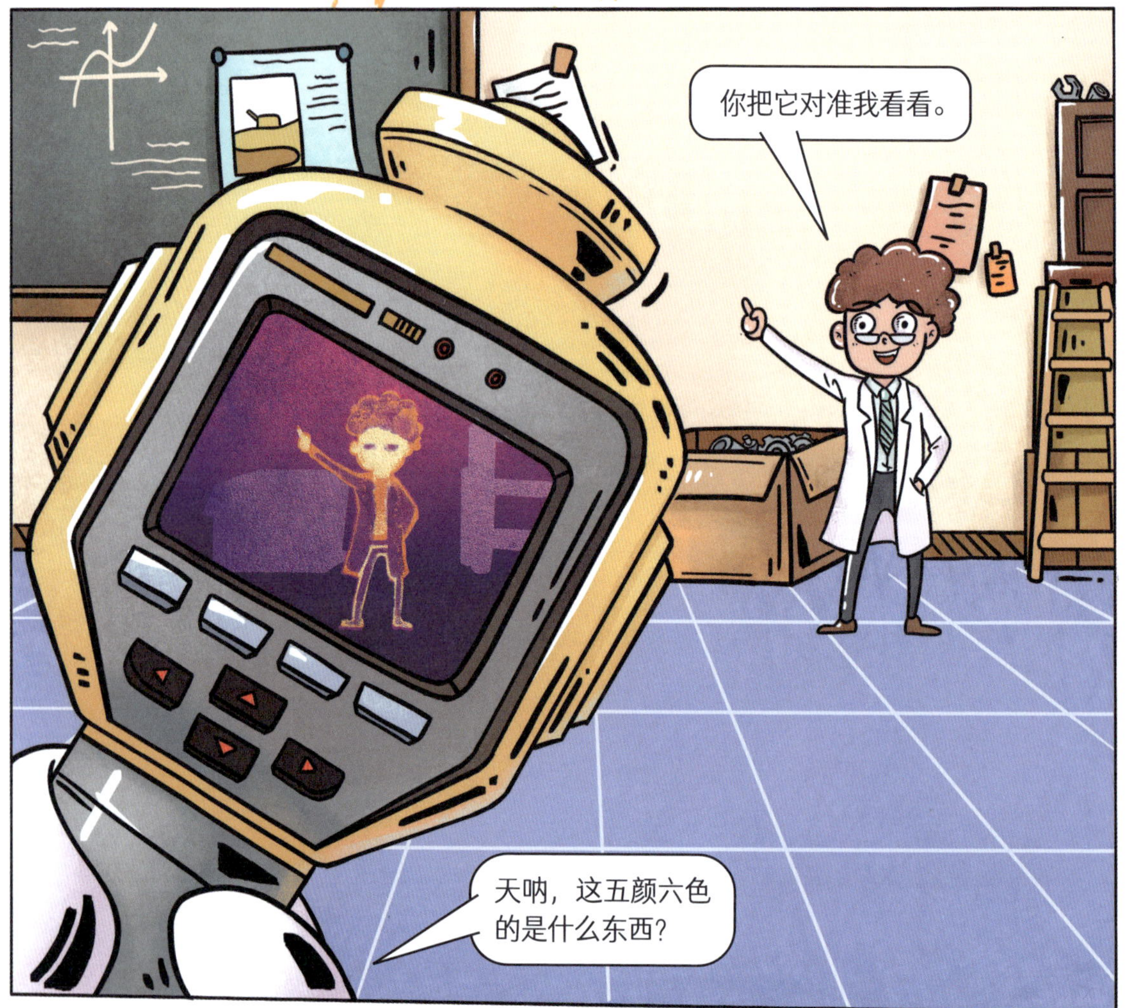
你把它对准我看看。
天呐，这五颜六色的是什么东西？

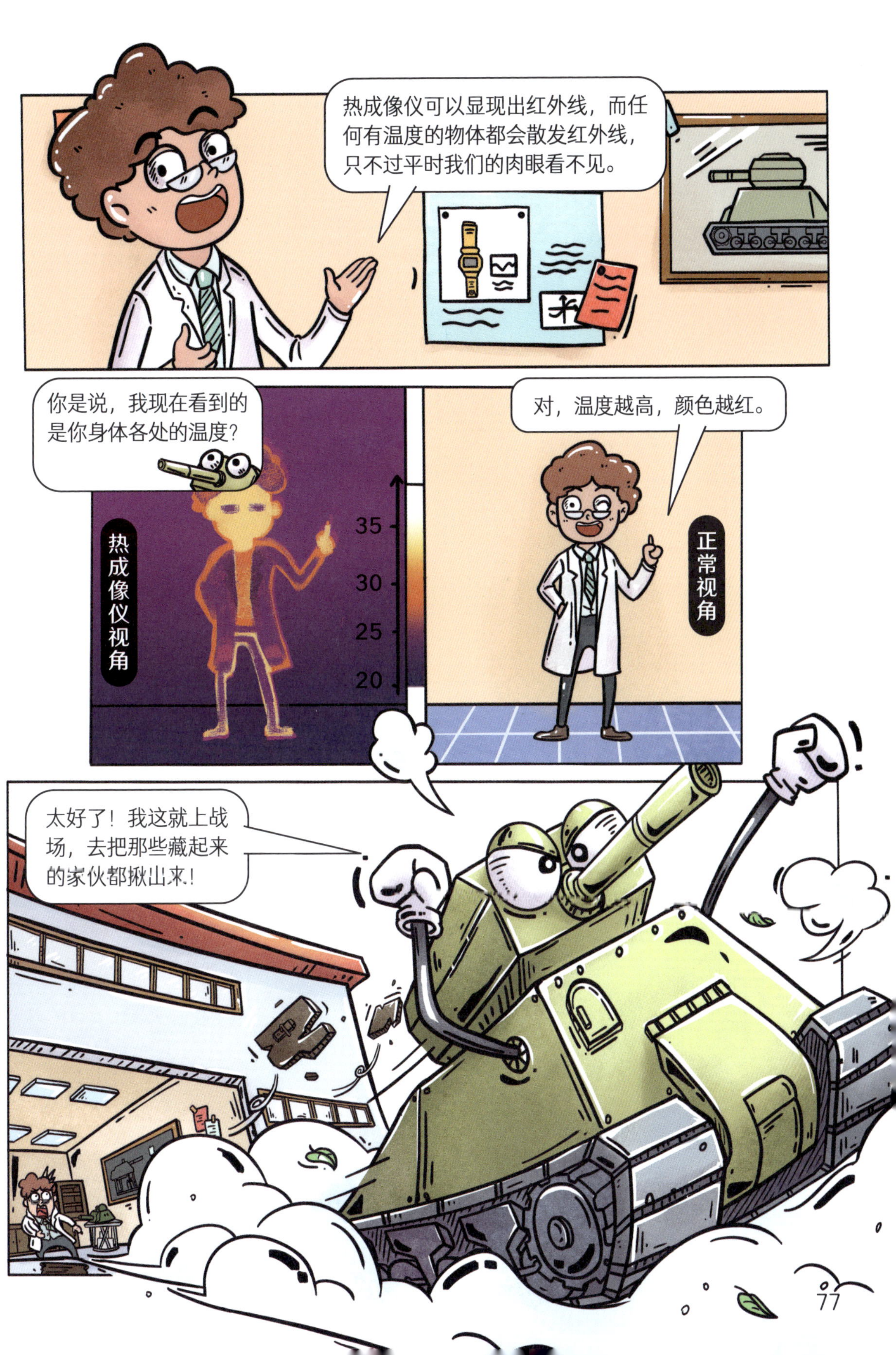
热成像仪可以显现出红外线，而任何有温度的物体都会散发红外线，只不过平时我们的肉眼看不见。
你是说，我现在看到的是你身体各处的温度？
热成像仪视角
35
30
25
20
对，温度越高，颜色越红。
正常视角
太好了！我这就上战场，去把那些藏起来的家伙都揪出来！

是有伪装吗？让我用
热成像仪看看。
还真有！

哇，常平，一会儿不见，你都有热成像仪了！
我这就打他们个措手不及！
怎么暴露了？！
有了热成像仪，再也不怕敌人的伪装了！
太厉害了！

怎样才能打得准？

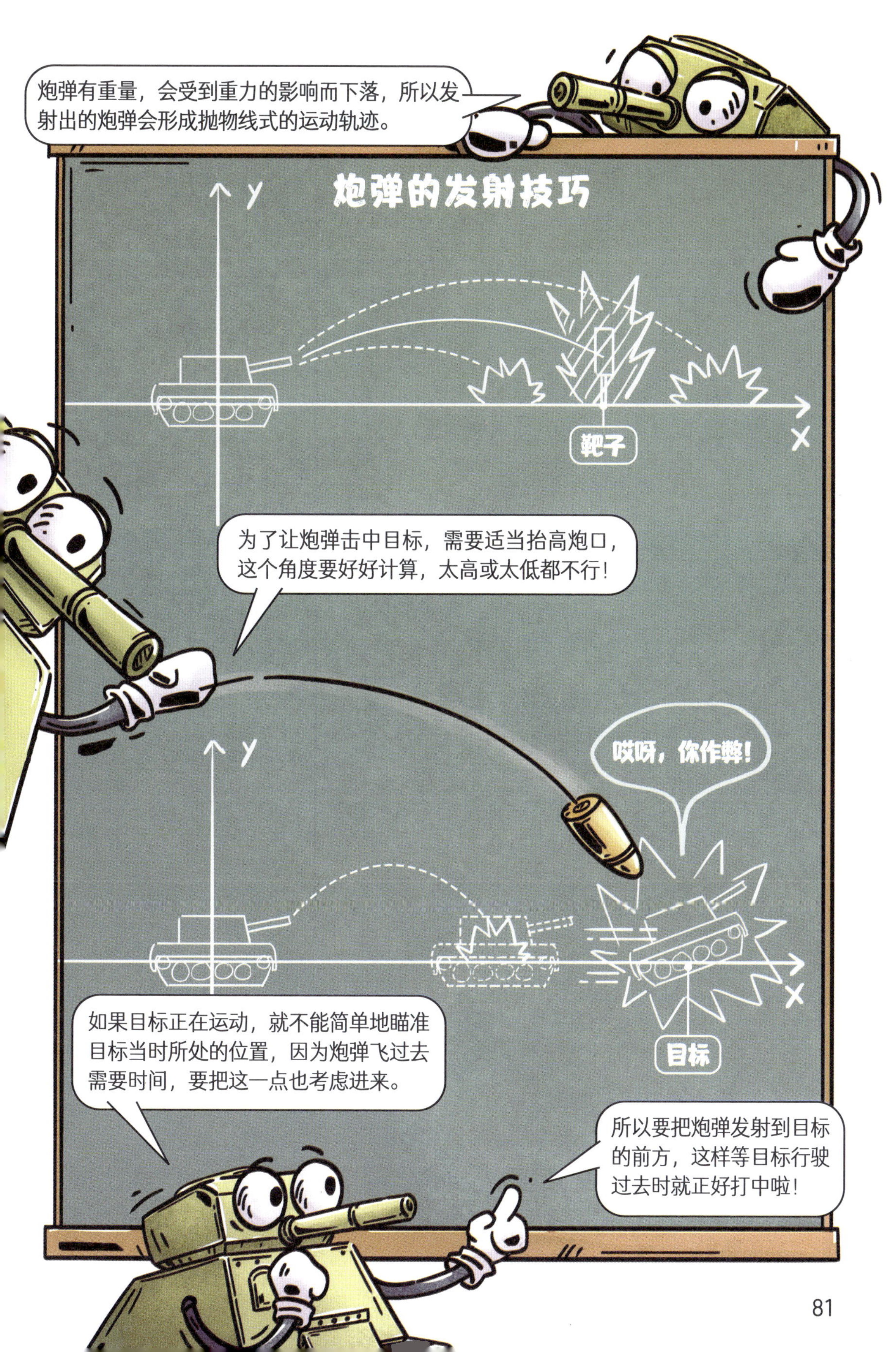
炮弹有重量，会受到重力的影响而下落，所以发射出的炮弹会形成抛物线式的运动轨迹。
炮弹的发射技巧
y
靶子
x
为了让炮弹击中目标，需要适当抬高炮口，这个角度要好好计算，太高或太低都不行！
哎呀，你作弊！
y
x
目标
如果目标正在运动，就不能简单地瞄准目标当时所处的位置，因为炮弹飞过去需要时间，要把这一点也考虑进来。
所以要把炮弹发射到目标的前方，这样等目标行驶过去时就正好打中啦！

除了上一页提到的因素，天气（大风、温度、湿度等）和距离也会影响发射的准度……
战场上往往都是千钧一发之际，怎么能在那么短的时间内考虑这么多因素呢？
别担心，我有不少帮手！
比如这个激光测距仪，它发射的激光在照到目标后被反射回来，测距仪收到反射光后，就能根据时间算出我和目标之间的距离。
墙体
这么酷！

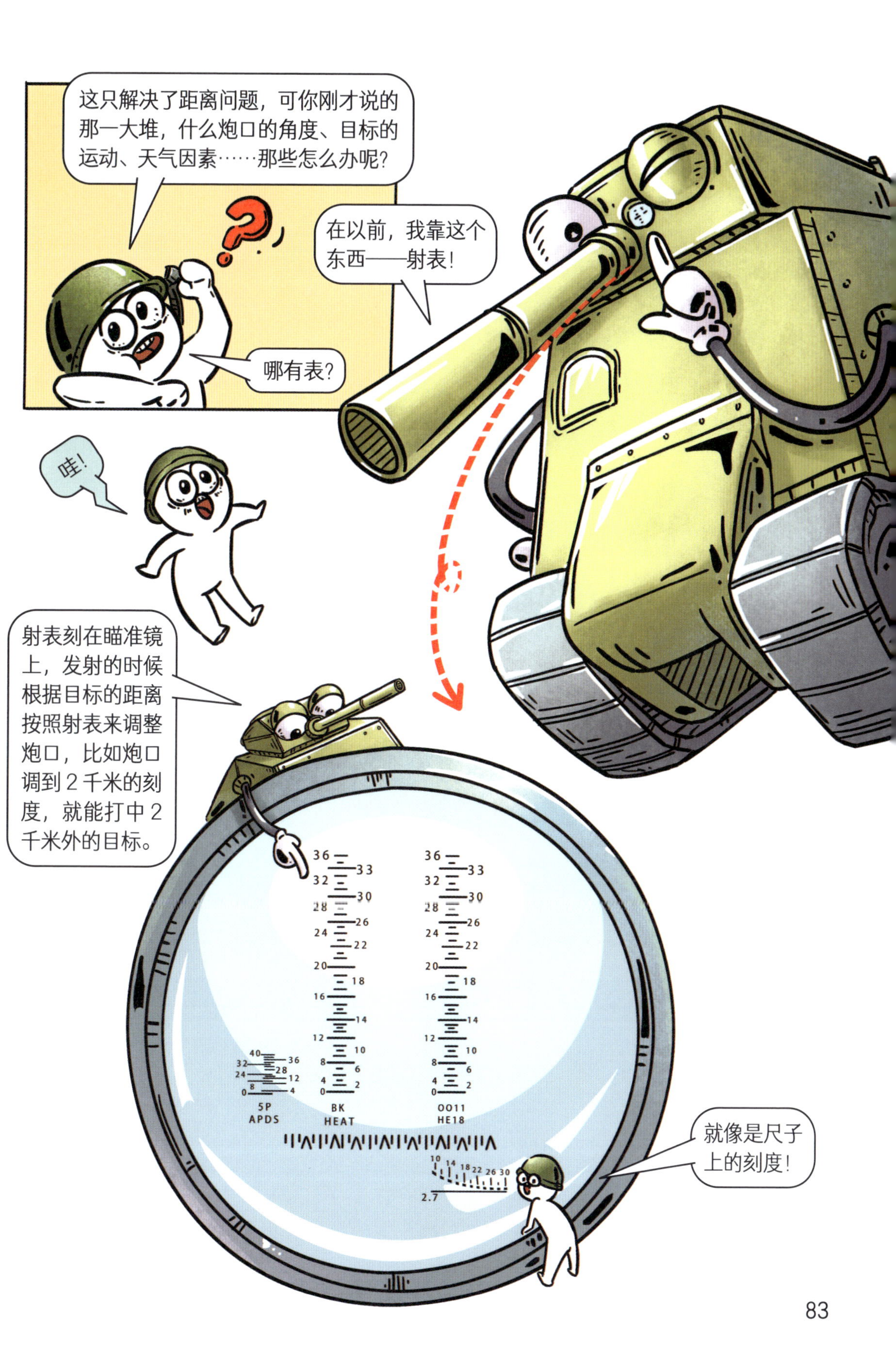
这只解决了距离问题，可你刚才说的那一大堆，什么炮口的角度、目标的运动、天气因素……那些怎么办呢？
在以前，我靠这个东西——射表！
哪有表？
哇！
射表刻在瞄准镜上，发射的时候根据目标的距离按照射表来调整炮口，比如炮口调到 2 千米的刻度，就能打中 2 千米外的目标。
5P
APDS
BK
HEAT
OO11
HE18
就像是尺子上的刻度！

不过，就靠一个射表，
真有那么灵吗？

说得没错，这东西一旦超过
一定距离就不准了，所以，
现在的我已经有了新装备！

你钻进我身体里
看看就明白啦！
是什么？

哇！我开坦克的梦
想就要成真啦！

火控系统
哇！太酷了！
这就是我的新装备——火控系统！
火控系统？灭火的吗？
难怪你开不了坦克……
哎哟！

火控系统的核心是火控计算机，通俗来说就是电脑，它能收集和处理各种信息。
坦克身上的各种传感器就像它的眼睛和耳朵，收集信息后上传到电脑里。
千里眼
顺风耳
量数据
火控计算机的计算速度超快，计算效率超高，只要输入参数，1 秒钟就能计算出结果。
17:17:17

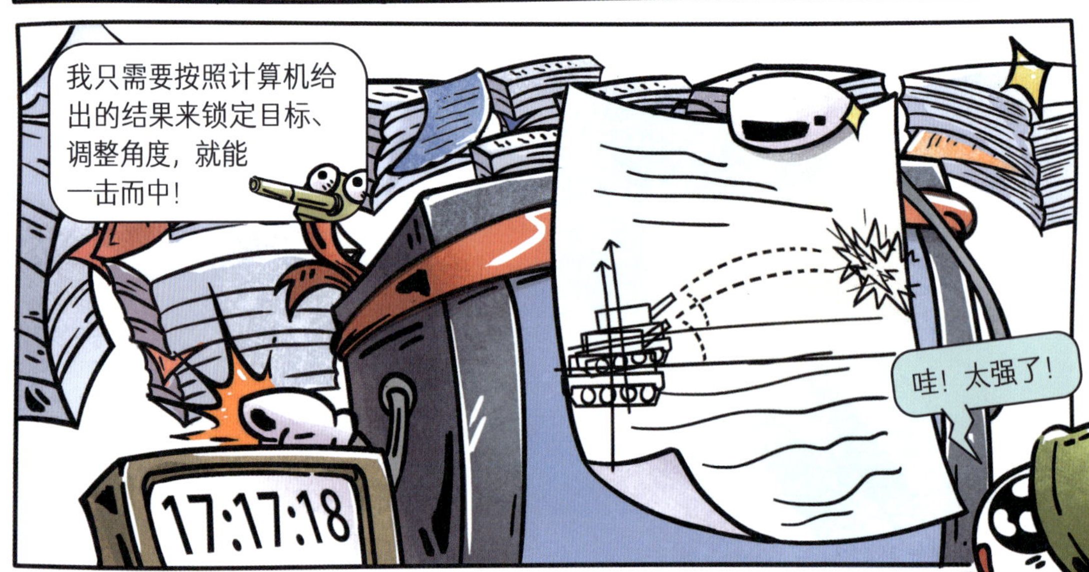
我只需要按照计算机给出的结果来锁定目标、调整角度，就能一击而中！
哇！太强了！
17:17:18

沙
发现敌人！你先待着别动，我去干掉它！
沙沙

沙
沙沙
还有一个目标！

开炮！

咦？

怎么回事？我明明开炮了，但是感觉炮弹还没进入炮管……
不好，先隐蔽起来！
出什么问题了吗？
麻烦你帮我看一下，炮弹是不是卡住了？

不是卡住了，而是根本没有下一发炮弹！
那麻烦你帮我装填一发炮弹吧！

咚！
这炮弹好沉，而且怎么装进去啊？
哇！
叮！
哎呀！

常平，我还是没法顺利给你装炮弹……

你没受伤吧？
没有。要不你去找工程师看看吧？

果然还是开不了坦克啊，看来不是谁都能装炮弹的。
一发炮弹有几十千克重呢，而且坦克炮的结构也很精密，一般都有专门的炮手来负责装填炮弹。

装填炮弹对体能的要求很高，炮手平时都要做严苛的训练，所以不是谁都能做的。
如果炮手受伤了，坦克的装填速度岂不是就变慢了？
没错，会影响坦克的战斗力。
如果坦克能实现自动装填射击，那炮手就轻松多了。
好主意！我去找工程师问问！

自动装弹机
取弹
送弹
击发
轰
轰
遥控自动装填炮弹，果然火力很猛！你怎么知道我需要这个？
已经不止一辆坦克找我抱怨过炮弹的装填问题了，现在我还在试验……
没关系，就让我来做你的“小白鼠”吧！

我想想……
不过这家伙也太大了，我觉得你得想办法先把它缩小。

不仅要缩小装弹机，而且要给你换上更大的炮塔，才能装更多的炮弹……
喂？掉线了？
炮弹
=
发射火药
+
弹头
我想到了！炮弹由弹头和发射火药组成，这两部分可以分别装填！

常平，准备做小白鼠吧!
怎么怪怪的……
改造中
几小时过去了……
好了！上战场去吧!

战场上。
好险！
常平怎么还不回来？
我来啦！
常平，你终于来啦！

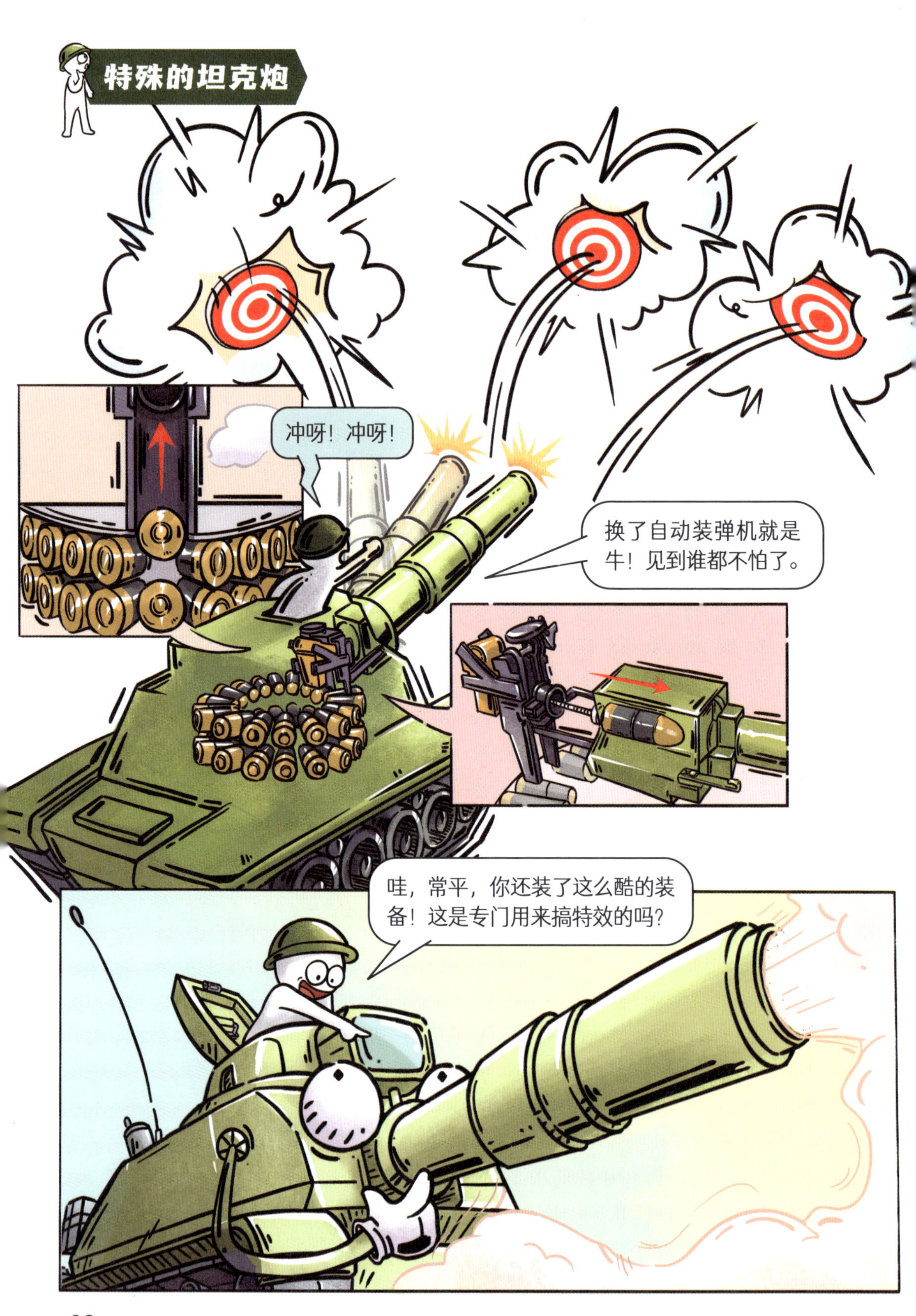
特殊的坦克炮
冲呀！冲呀！
换了自动装弹机就是牛！见到谁都不怕了。
哇，常平，你还装了这么酷的装备！这是专门用来搞特效的吗？

这次我给你装上了改良后的自动装弹机，还有抽烟装置……
这可不是为了装酷，而是抽烟装置……
抽烟？抽烟有害健康，你快戒了吧！

不是你想的那样……开炮时会产生很多烟雾，这个装置能把烟雾抽走，要不然打开炮尾时烟会灌到炮塔里，里面的车长、炮长、炮手可受不了。
我好像懂了……

主动防御

这么多！
导弹太可怕了！
快救救我！
天呐，发生什么了？！

用导弹对付导弹
确实，现在都有反坦克导弹了，光靠装甲不太够……
对了！你也带上导弹，遇到来袭的导弹就“以毒攻毒”。
这怎么带？导弹那么大！
当然不用大导弹啦！近距离摧毁来袭导弹的弹头，只需要一枚小导弹。

这是我们正在研发的主动防御系统，小型雷达能及时发现来袭导弹，然后你就能发射小型导弹，主动击毁目标了。
上面还装有烟雾发射器，可以发射烟雾挡住敌人的视线，也能迷惑用红外线制导的导弹，还能使敌人的激光测距和指示系统暂时失效。

快给我装上吧！
太酷了！
来吧！

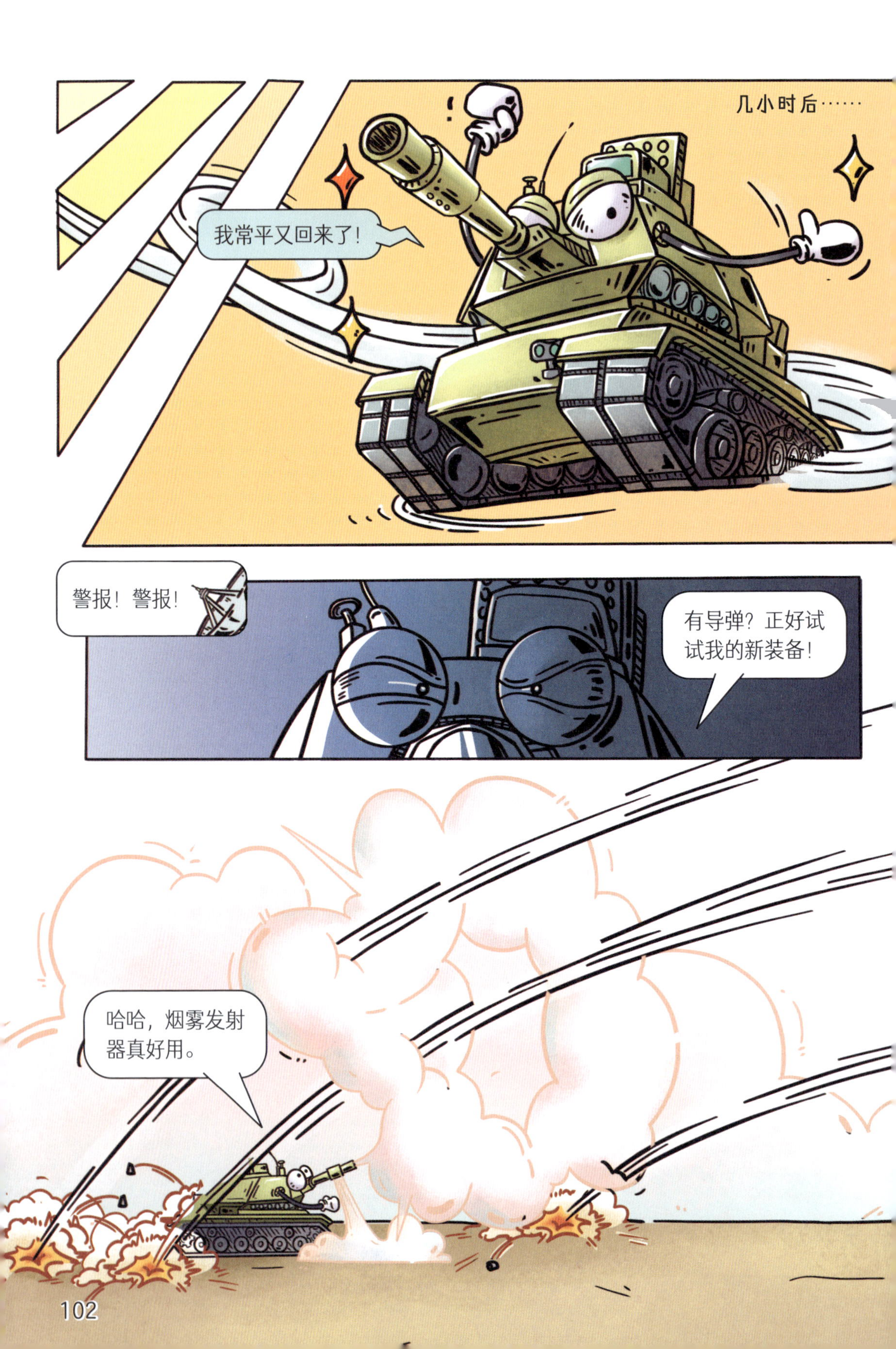
几小时后……
我常平又回来了！
警报！警报！
有导弹？正好试试我的新装备！
哈哈，烟雾发射器真好用。

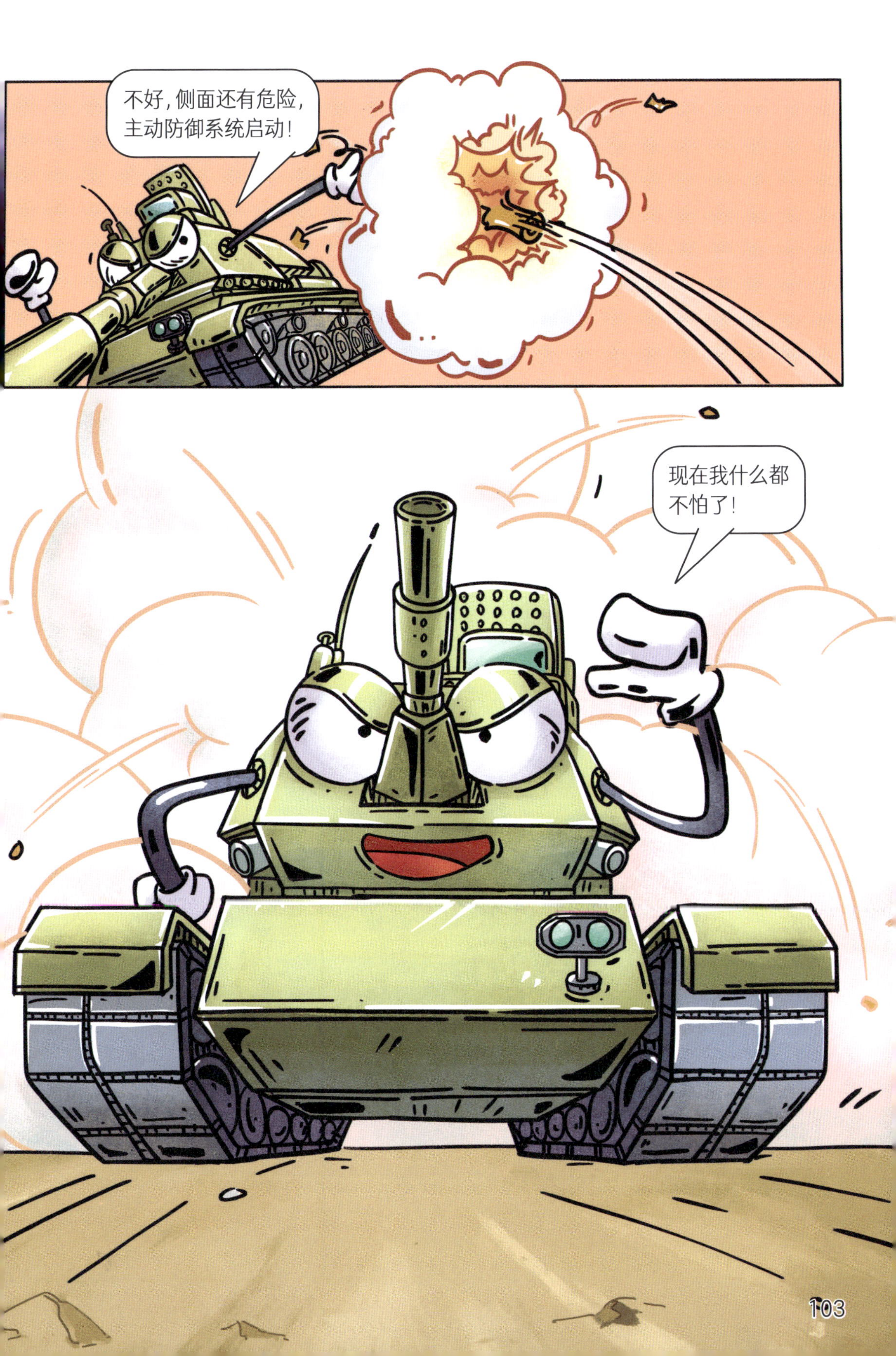
不好，侧面还有危险，
主动防御系统启动！
现在我什么都
不怕了！

坦克的新功能
对面的兵力也太多了，他们甚至还在修建机场。
看来光靠我们不行，得呼叫支援。
这不成侦察兵了吗？你这一身装备都浪费了！
不会的，我不是一个人在战斗，我的战友遍布地面、海洋和天空，而我冲在最前线，既是最好的侦察兵，也是最好的攻坚手。

这里是常平，发现目标，位置信息已发送，请求空中支援。

收到！支援马上到！

现在我们就一边侦察敌人，一边等支援吧！
好，我会好好侦察的！
奇怪，总感觉好像忘了什么……
常平那家伙去了这么久，不会是把我忘了吧！

问 答

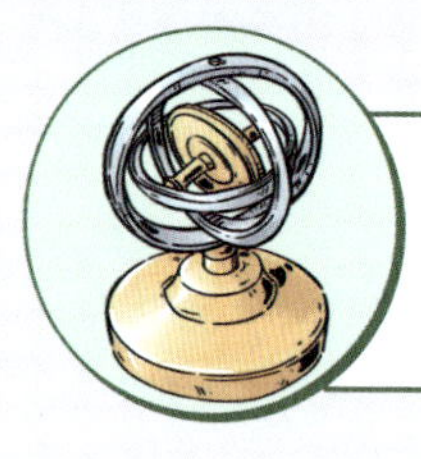

现在飞机、导弹技术这么发达，据说还有无人机能够轻易击毁坦克，那么坦克会被淘汰吗？

早在20世纪中叶，人们就提出过这个问题。作为陆地上的大目标，坦克惧怕的对手很多，从反坦克枪，到反坦克炮，再到导弹、战斗机、武装直升机，甚至现在的无人机，都能打掉坦克。

但打仗不是单枪匹马的单挑，坦克也从来不是单独作战的。现代战争只不过是把坦克的优势从原来的最大，一定程度地进行了削弱。

一辆坦克身边，往往还有好几辆坦克，它们组成一支小分队，就像战友一样互相照应。坦克的身边还会有步兵和装甲车陪伴，负责清扫隐藏起来的反坦克小分队。而天空飞过的战斗机、赶走敌人的武装直升机，也是整体战斗的一部分。

从地上的士兵、装甲车，到天上的飞机，再到宇宙中的卫星和海洋中的军舰，都是坦克的战友。它们互相配合，共同努力，赢得战争的胜利。

而另一方面，坦克依然有着强大的火力、灵活的机动能力和可靠的防护。在“战友们”的支援下，它们能飞快地翻山越岭，克服恶劣环境，出其不意地出现在敌人的身后，用装甲抵御敌人的炮火，用坦克炮打穿防线。在可预见的未来，坦克依然是最可靠、最实用的“陆战之王”。

为什么很久没有新型的主战坦克了？

作为“陆战之王”，几乎所有的新技术、新科技，都会在第一时间搬到坦克身上。从一百多年前发展到现在，坦克一次次地“大变样”，现在已经没有大幅度升级的空间了。而新概念的武器，比如激光炮、电磁炮，又太笨重、太贵，无法装到坦克上。所以现在各个国家都放慢了研发脚步，只在现有坦克的基础上慢慢改良。因此，20 年前的坦克应对今天的战争也绰绰有余，人们就更加没动力去“更新换代”了。

而正如上一个问题所说，主战坦克需要承担的战场任务十分严苛，导致主战坦克的价格居高不下，同时生产难度极高。因此，目前世界上能生产高性能的第三代主战坦克的国家屈指可数。

所以，火力支援车作为坦克的补充，去执行一些无须主战坦克出场的低烈度、低价值任务，成为首选。

另外，新的技术革命还没发生，未来的坦克要具备什么技术、要花多少钱制造、要怎么用、假想敌是谁……这些问题都不清楚，人们的想象还无法成为现实。现有的坦克已经够用，未来的坦克还不可预见，在这种情况下，钱还是要省着花，准备迎接下一个时代的技术挑战。

闪开！炮弹来了！
快闪开！
嘿！
轰！
咚！
好险！还好我反应快！

现在容我自我介绍一下。咳咳——我是陀螺仪，和刚才的那个炮弹之间……没有关系！

刚才那是传统的炮弹，从炮管里发射出来以后，不会改变飞行轨迹。
导弹就不一样了。从导弹诞生的第一天起，导弹就知道自己是谁、从哪儿来、要到哪儿去。而我，陀螺仪，就是导弹上最有特点的装置！

炮弹的飞行轨迹是
简单的抛物线。
而导弹能随时调整飞行的姿
势和状态，所以它的飞行轨
迹可以是不固定的！

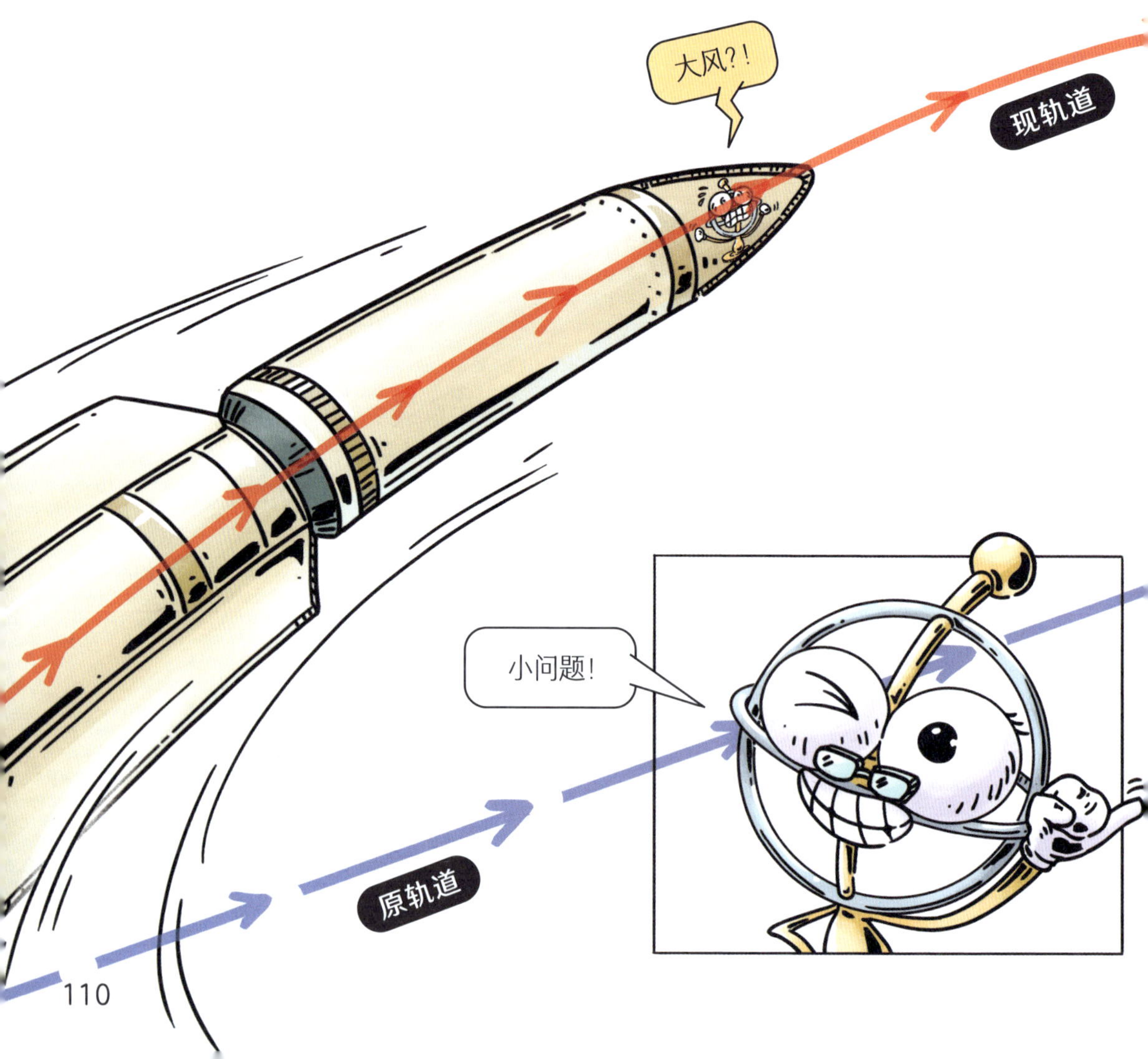
大风?!
现轨道
小问题!
原轨道

大气数据异常，弹翼准备！
无线电高度数据核验！
卫星导航数据匹配惯性制导数据，重复！

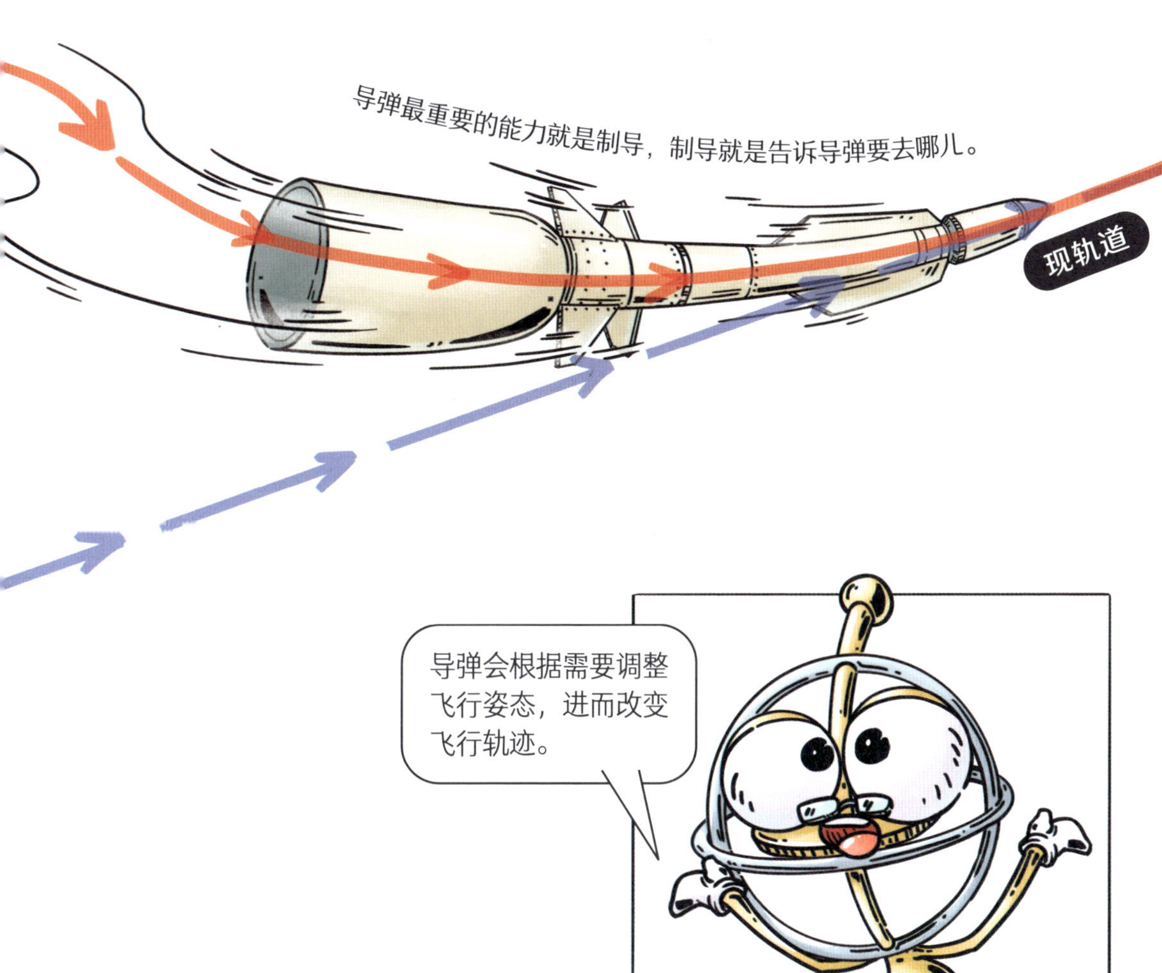
导弹最重要的能力就是制导，制导就是告诉导弹要去哪儿。
现轨道
导弹会根据需要调整飞行姿态，进而改变飞行轨迹。

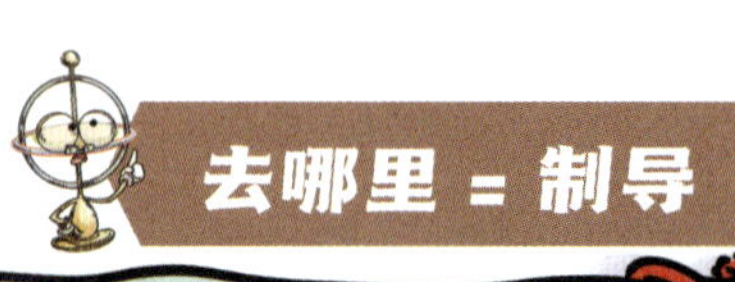
去哪里 = 制导

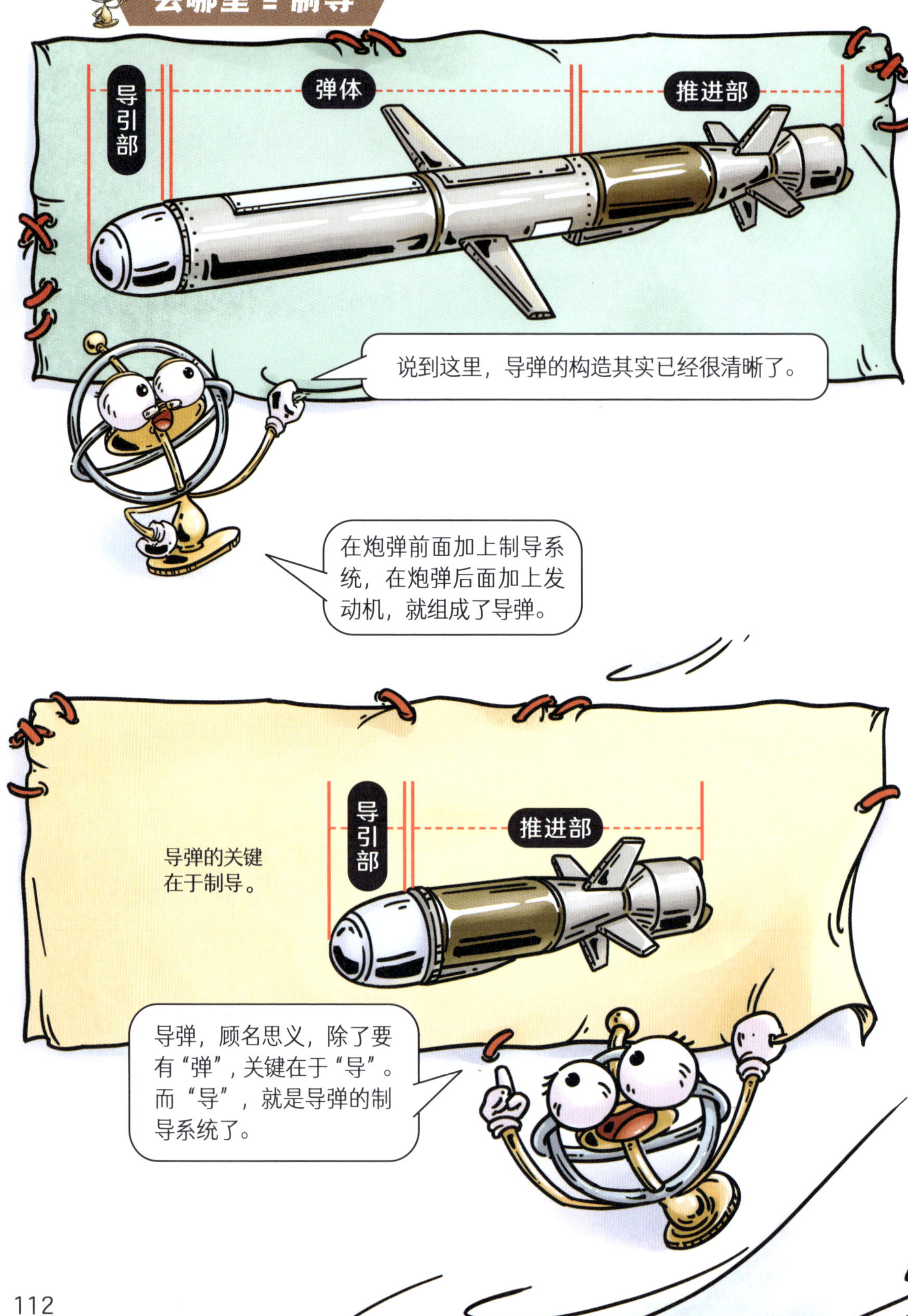
导引部
弹体
推进部
说到这里，导弹的构造其实已经很清晰了。
在炮弹前面加上制导系统，在炮弹后面加上发动机，就组成了导弹。
导引部
推进部
导弹的关键在于制导。
导弹，顾名思义，除了要有“弹”，关键在于“导”。而“导”，就是导弹的制导系统了。

虽说导弹有各种不同的种类，但是它们都有一个共同的特点……
那就是制导！

那么问题来了，制导系统到底是怎么工作的呢？
波束雷达
我可以用波追踪目标，导弹接收到我的信号后，就知道目标的位置了。
数字地图
我是真实地图的数字版，导弹能通过看地图了解自己和敌人的位置。
知己知彼……
遥控制导
遥控制导——让控制导弹像玩游戏一样直观。

冲呀！
?!
干得漂亮！
: 0015492
ROUND: 1 - 3

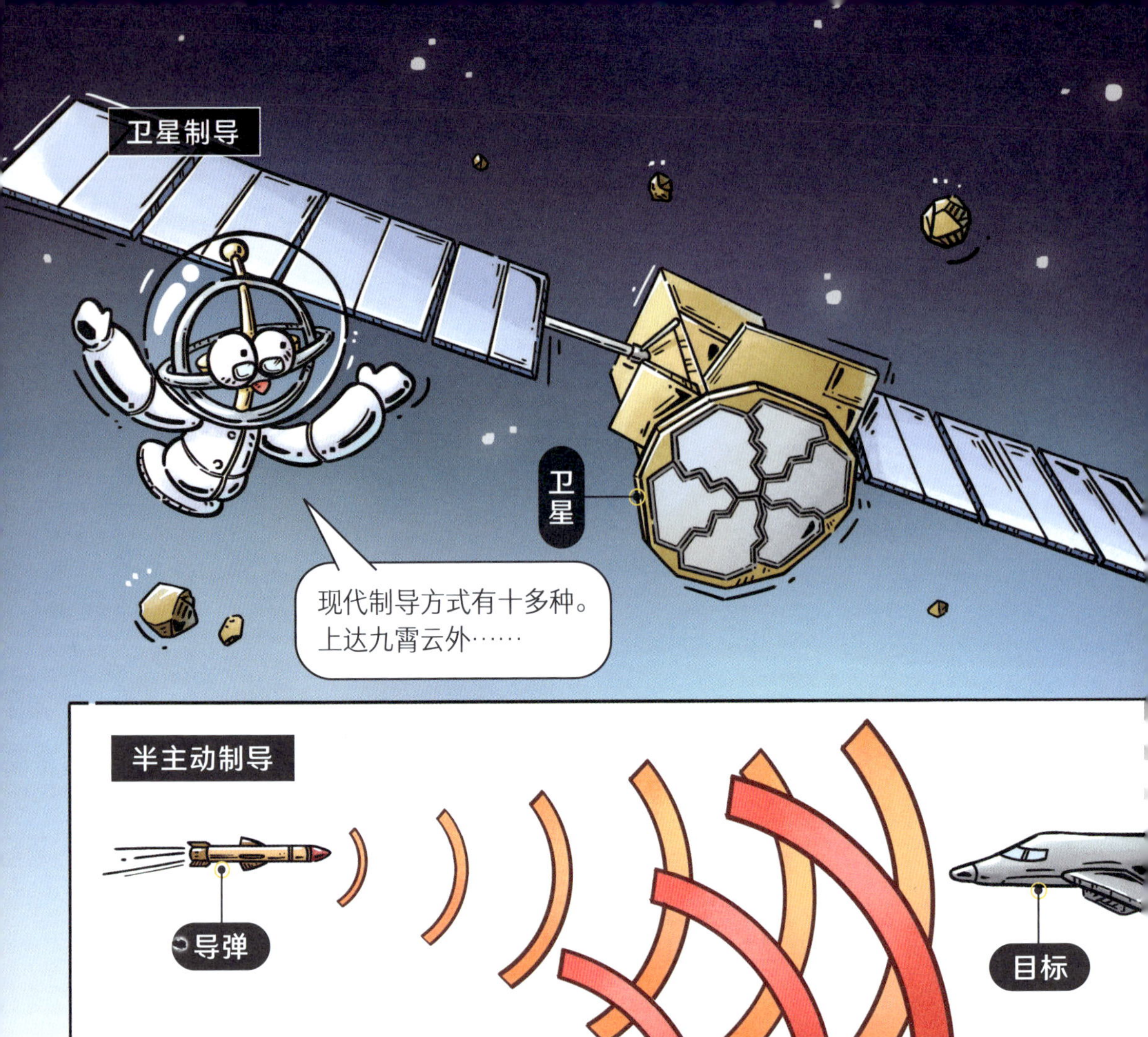
卫星制导
卫星
现代制导方式有十多种。上达九霄云外……

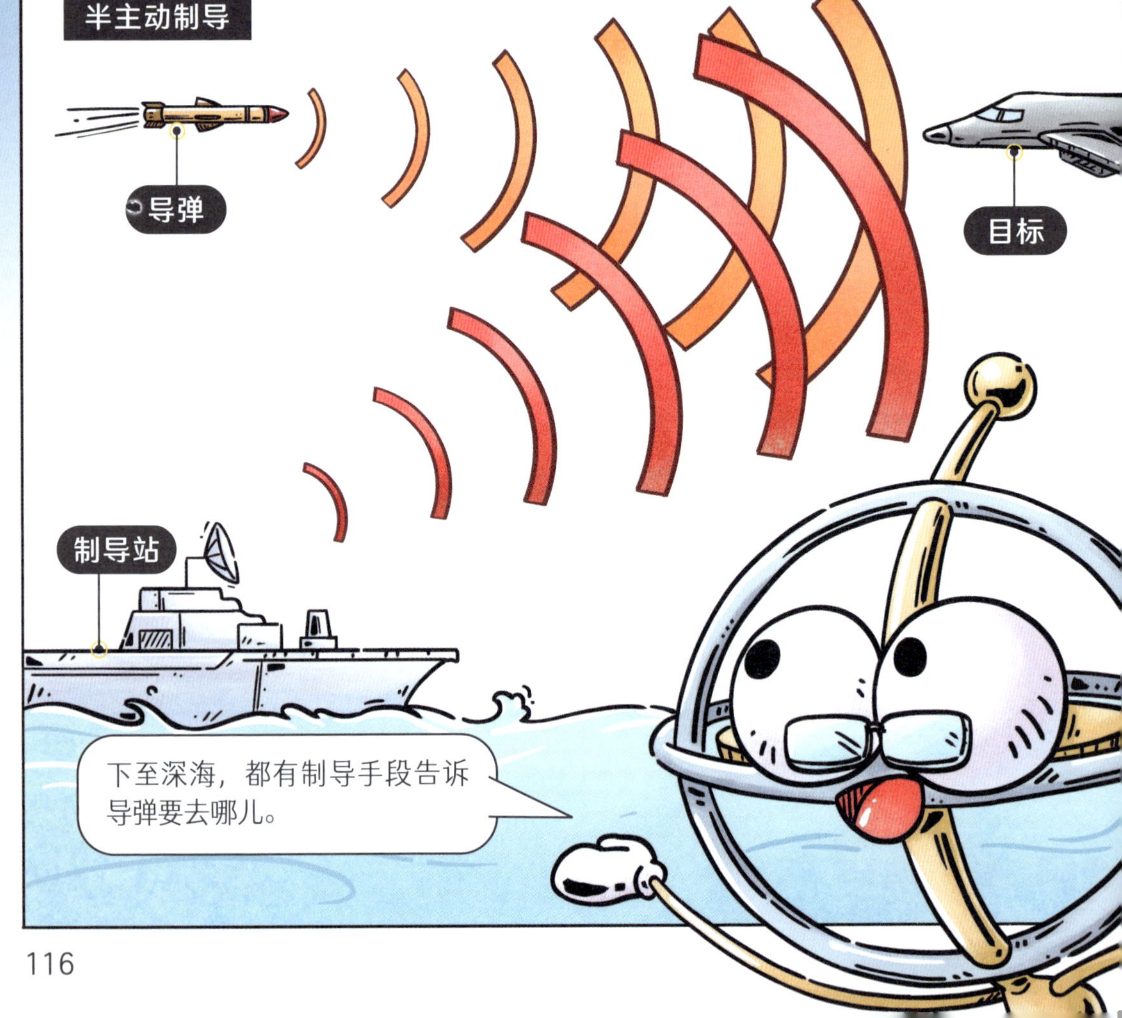
半主动制导
导弹
目标
制导站
下至深海，都有制导手段告诉导弹要去哪儿。

“去哪里”之前
导弹也有三个终极的哲学问题。
我是谁?
我在哪儿?
我要去哪儿?
我们已经知道了导弹“是谁”，也有很多方法告诉导弹“去哪儿”，可还面临导弹现在“在哪儿”的问题。
我是谁?
我在哪儿?
我要去哪儿?
惯性制导大家族
这就需要靠我们陀螺仪啦!

制导的“源动力”

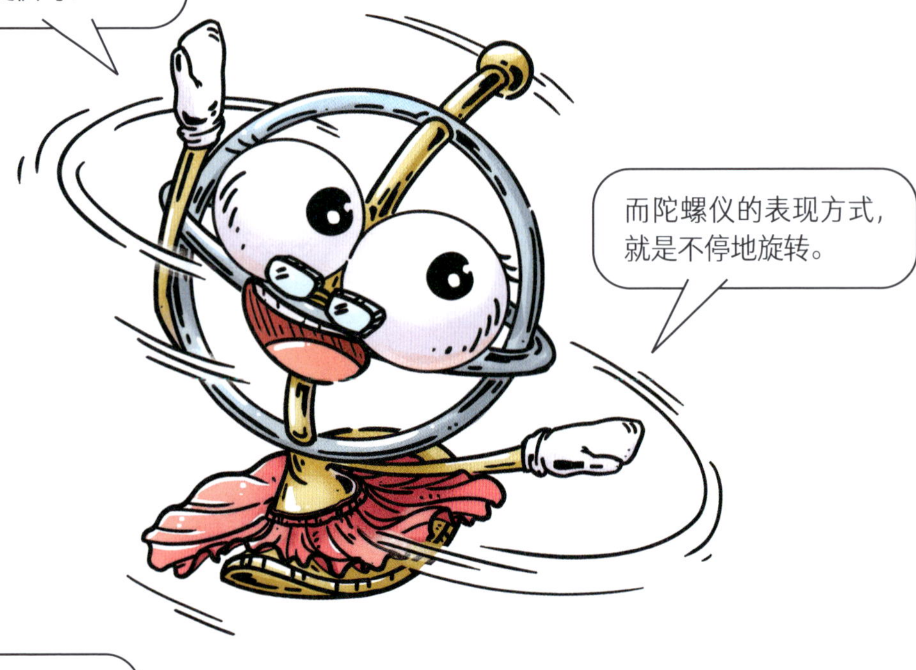
一切制导的源头，都是由我们陀螺仪提供的。
而陀螺仪的表现方式，就是不停地旋转。

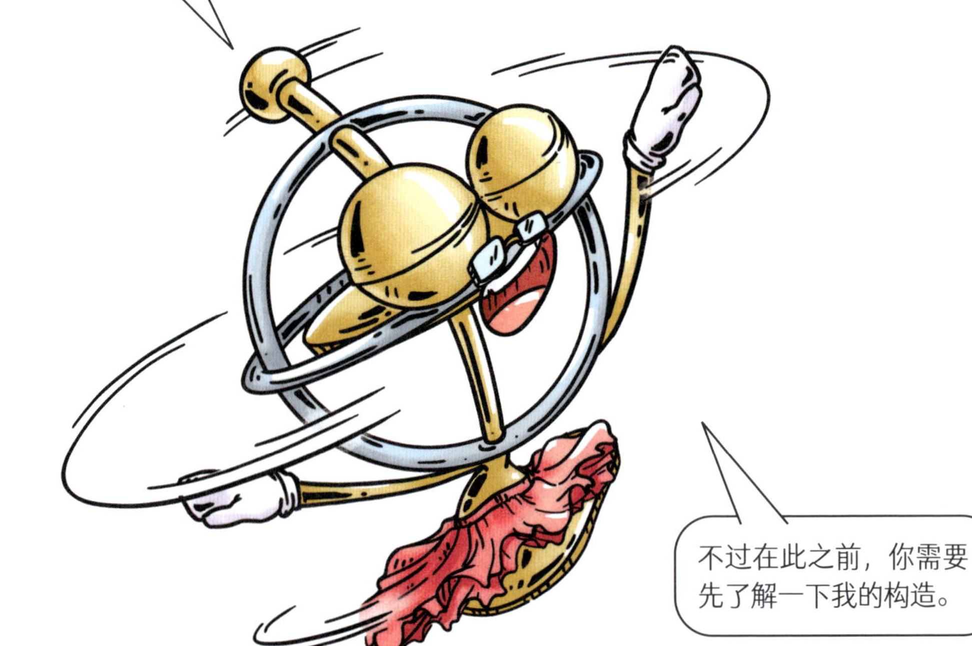
旋转会带来一种神奇的力。
不过在此之前，你需要先了解一下我的构造。

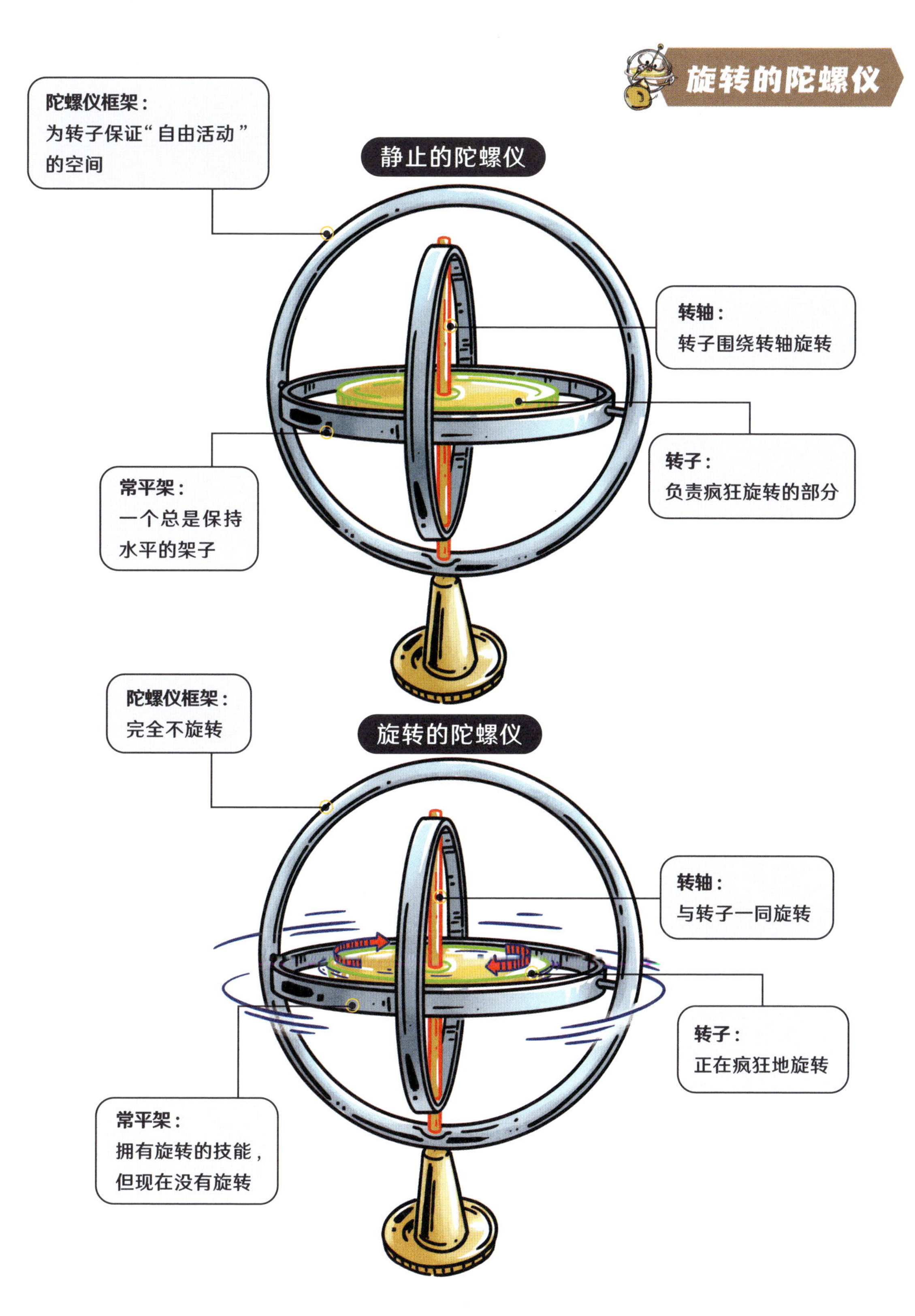
陀螺仪框架：
为转子保证“自由活动”的空间
静止的陀螺仪
转轴：
转子围绕转轴旋转
转子：
负责疯狂旋转的部分
常平架：
一个总是保持水平的架子
陀螺仪框架：
完全不旋转
旋转的陀螺仪
转轴：
与转子一同旋转
转子：
正在疯狂地旋转
常平架：
拥有旋转的技能，但现在没有旋转

重头戏来了，现在我要表演个绝活！

仔细观察一下我的动作，哪里动了，哪里没动？

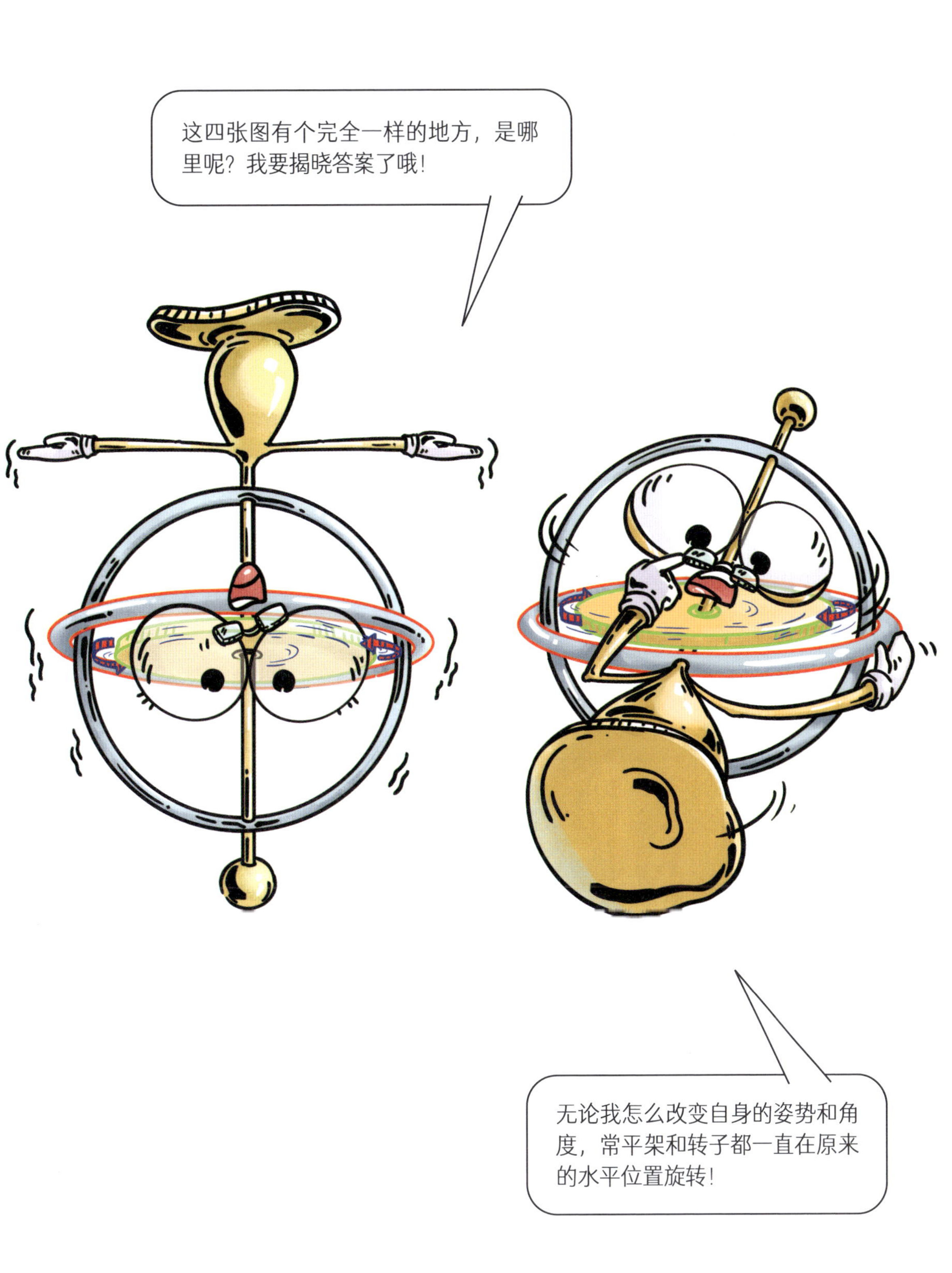
这四张图有个完全一样的地方，是哪里呢？我要揭晓答案了哦！
无论我怎么改变自身的姿势和角度，常平架和转子都一直在原来的水平位置旋转！

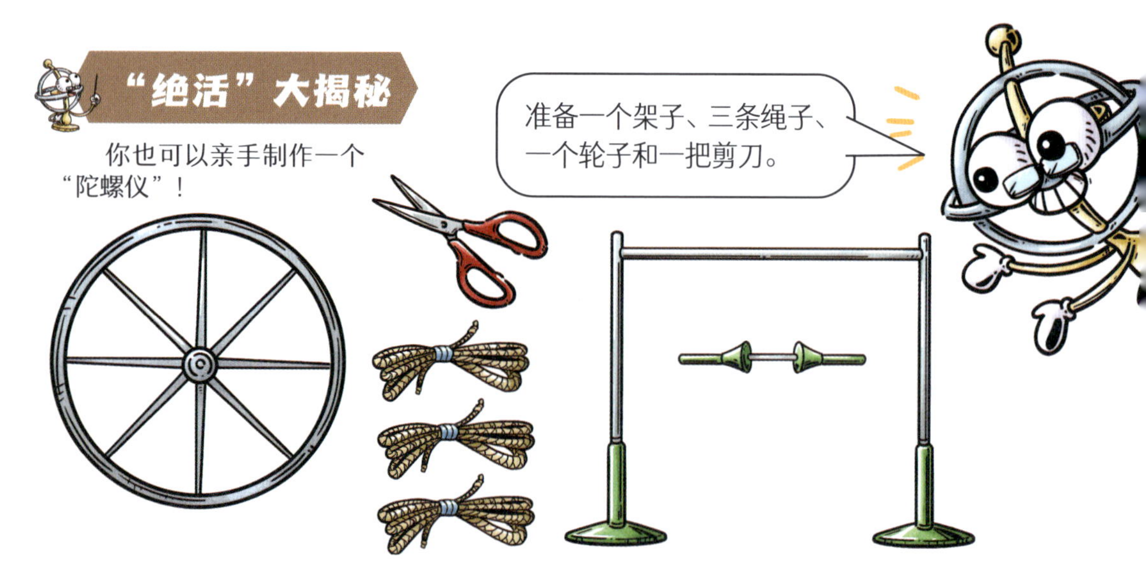
"绝活"大揭秘
你也可以亲手制作一个"陀螺仪"！
准备一个架子、三条绳子、一个轮子和一把剪刀。

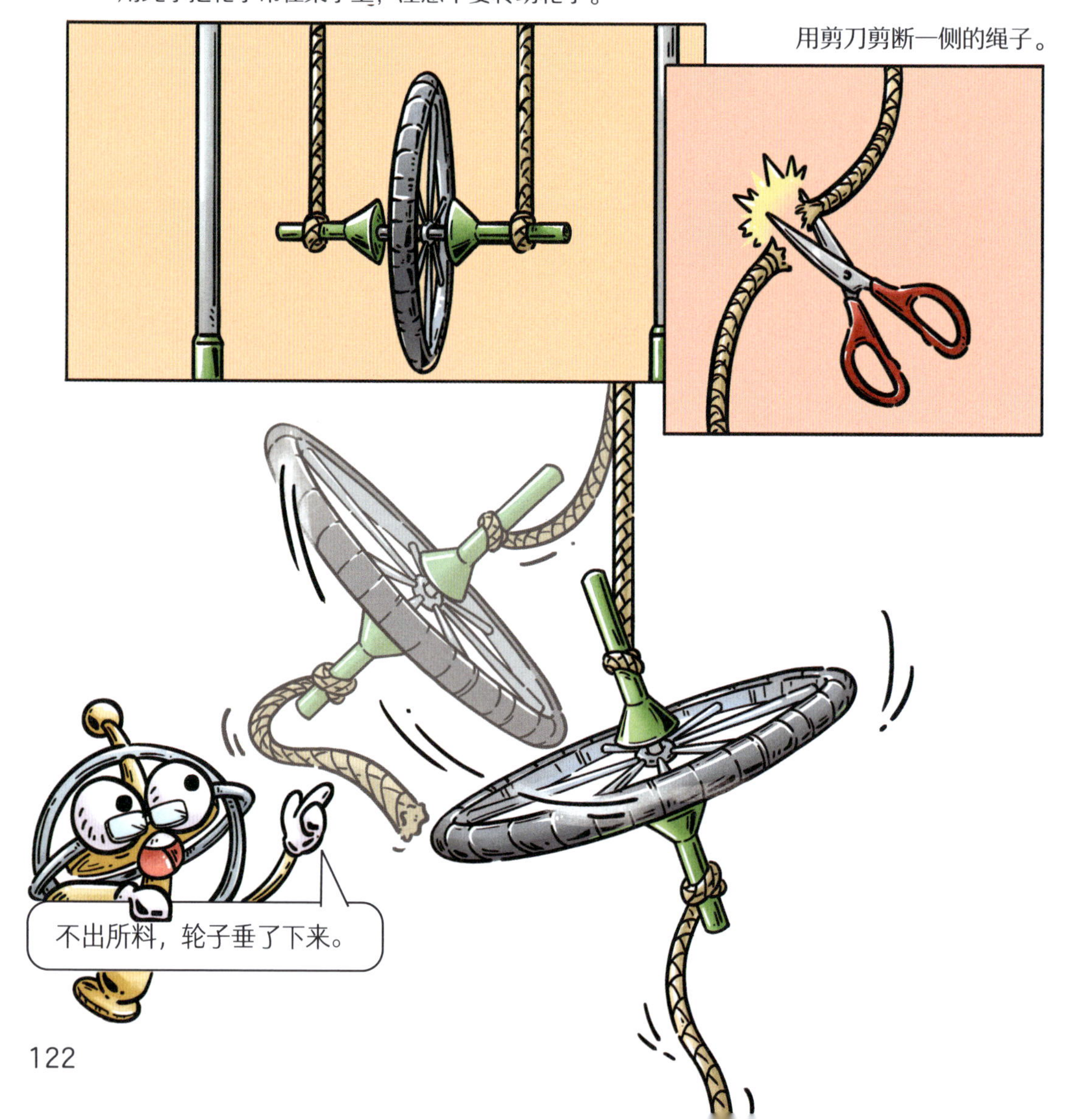
用绳子把轮子吊在架子上，注意不要转动轮子。
用剪刀剪断一侧的绳子。
不出所料，轮子垂了下来。

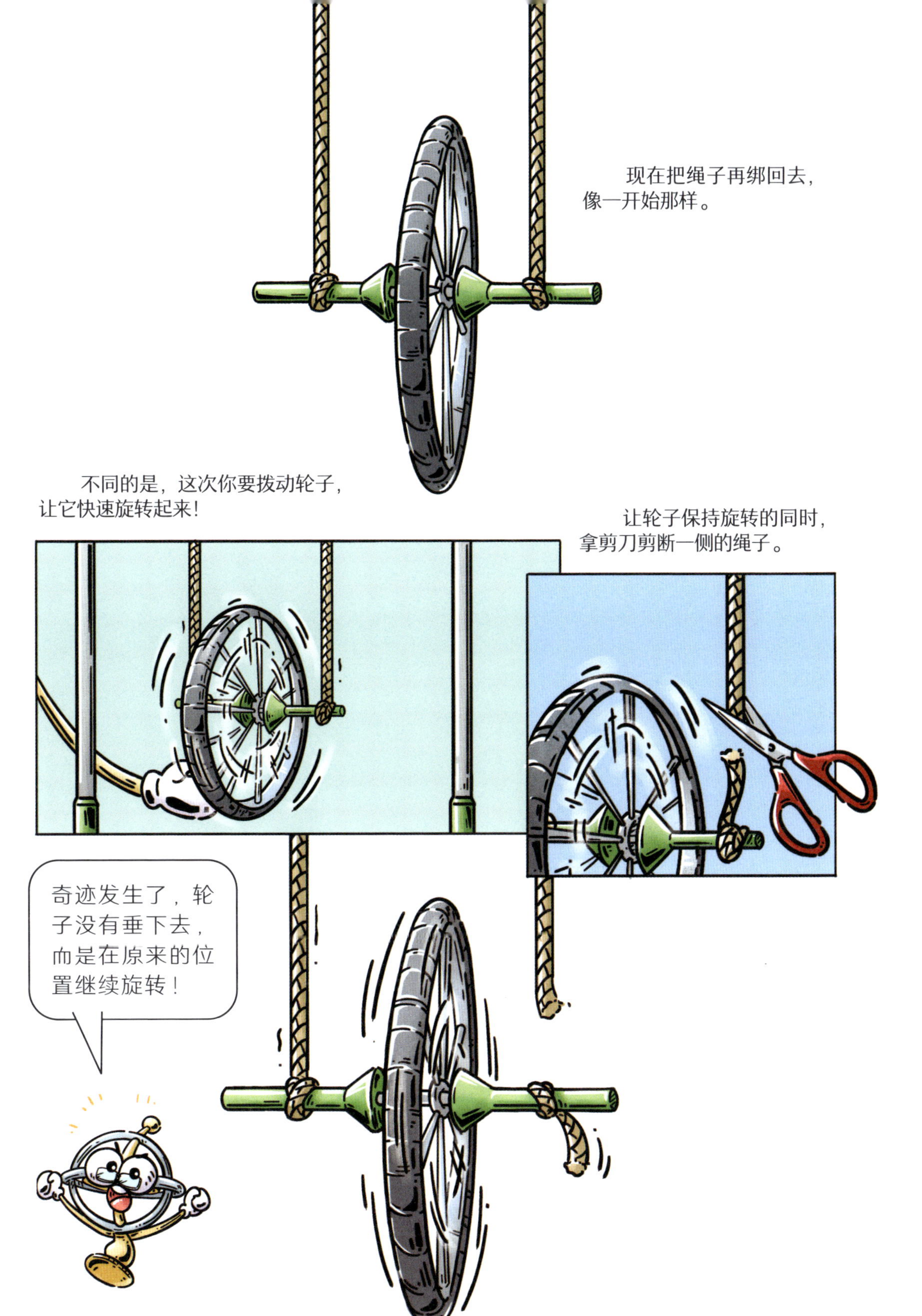
现在把绳子再绑回去，像一开始那样。
不同的是，这次你要拨动轮子，让它快速旋转起来！
让轮子保持旋转的同时，拿剪刀剪断一侧的绳子。
奇迹发生了，轮子没有垂下去，而是在原来的位置继续旋转！

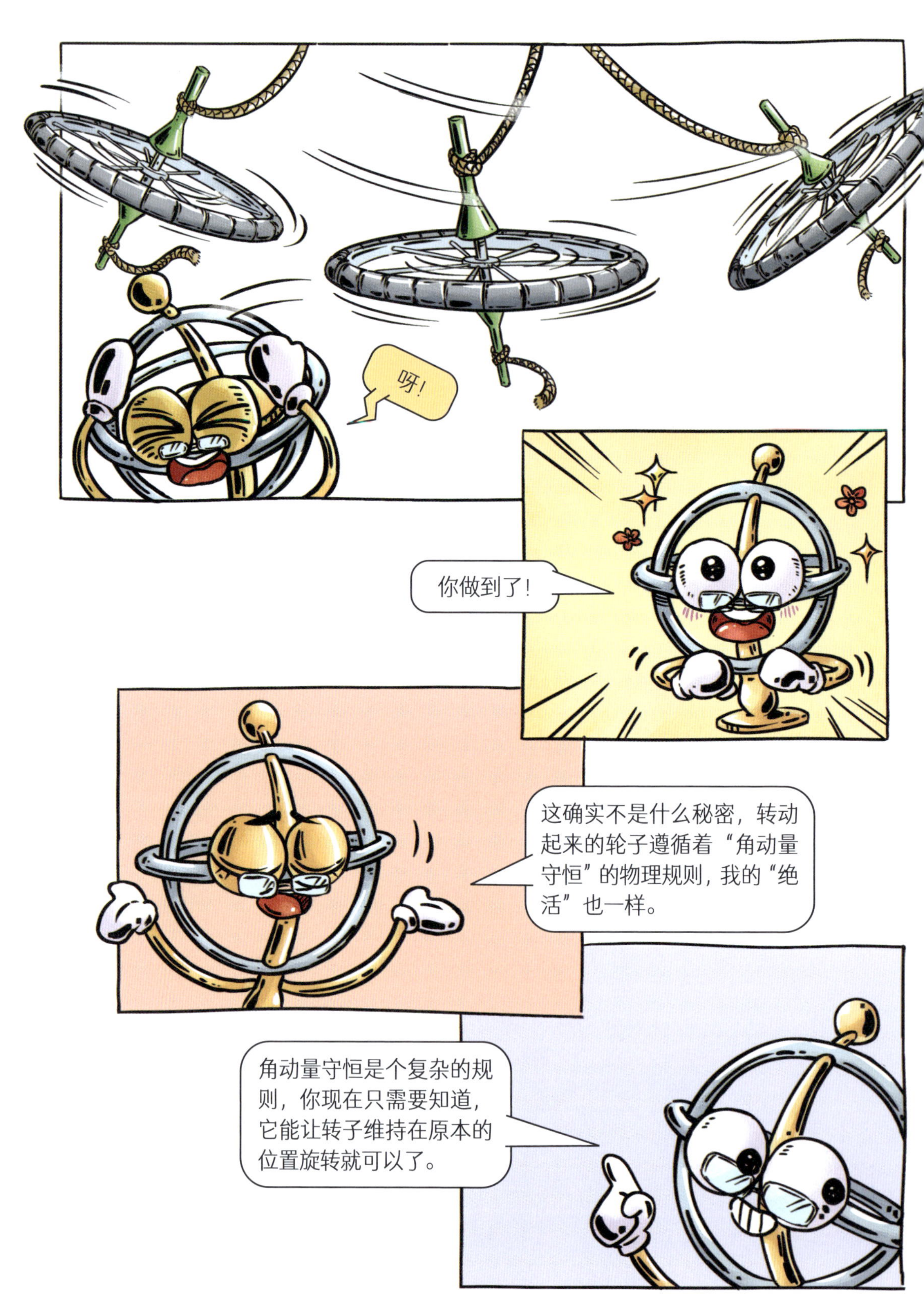

呀！
你做到了！
这确实不是什么秘密，转动起来的轮子遵循着“角动量守恒”的物理规则，我的“绝活”也一样。
角动量守恒是个复杂的规则，你现在只需要知道，它能让转子维持在原本的位置旋转就可以了。

转子其实“不动”

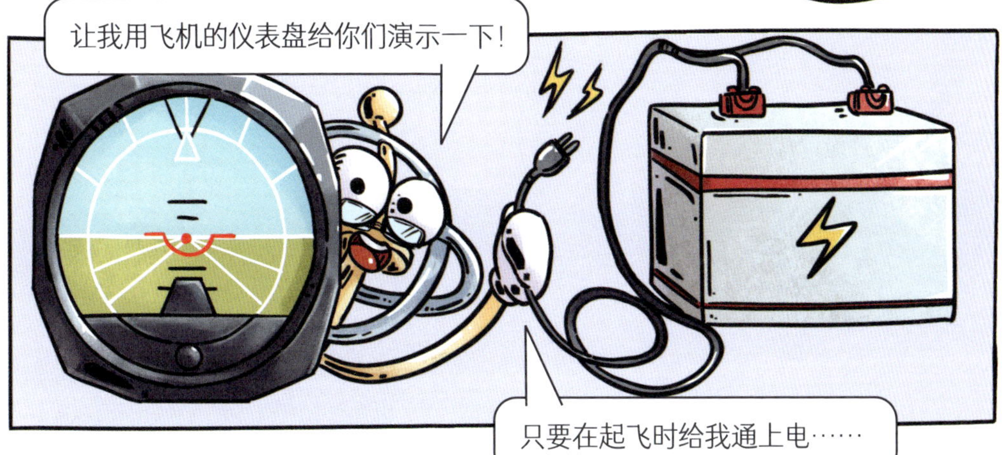

陀螺仪的“绝活”又开始了，别忘了角动量守恒！

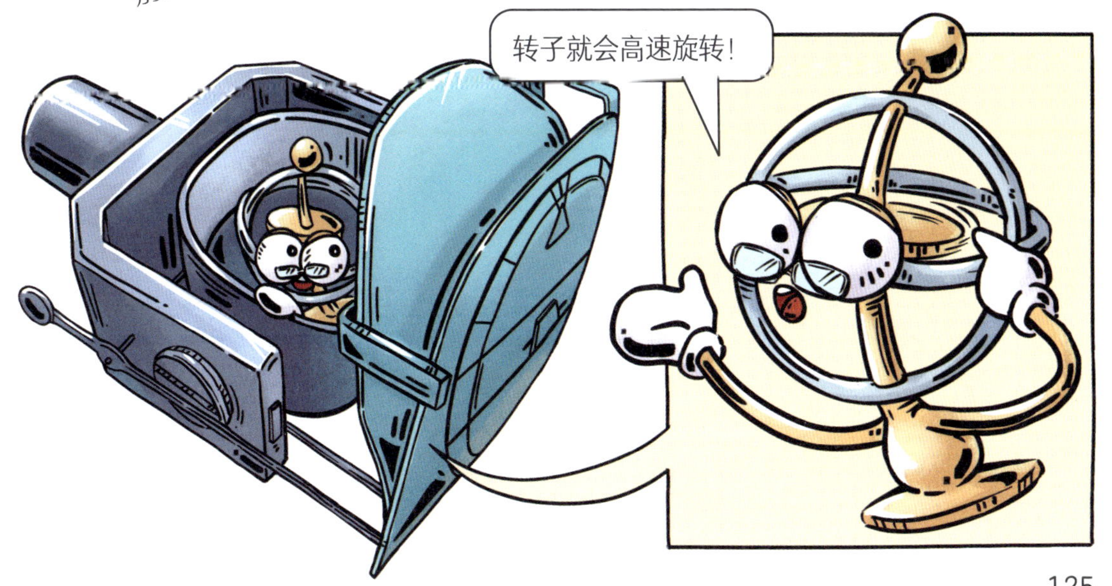

我在开始旋转的时候就牢牢记住了飞机的位置，之后也不会忘记！

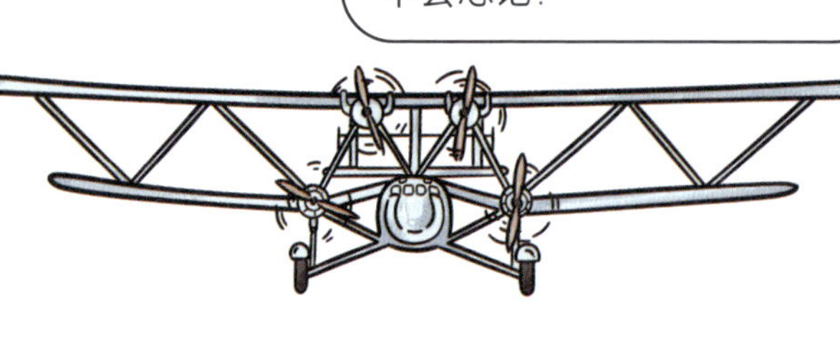

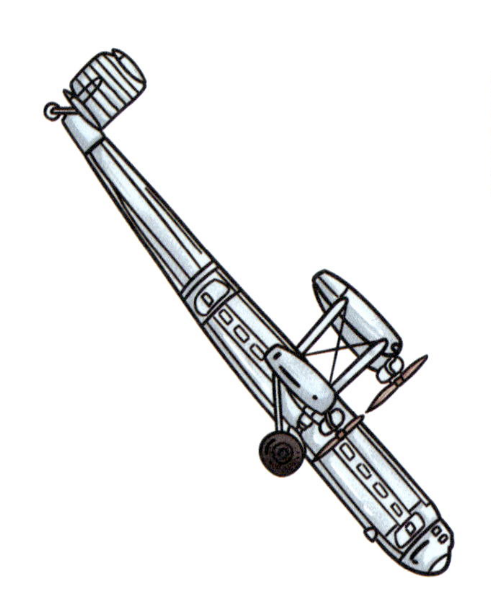

无论飞机怎么飞，我都会不忘初心，保持最初的角度进行旋转！

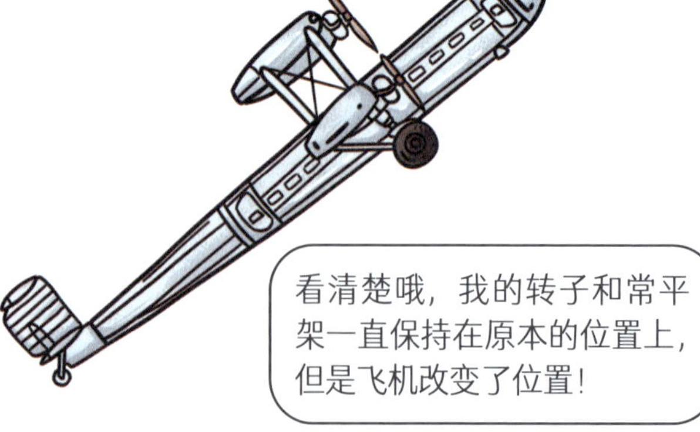

看清楚哦，我的转子和常平架一直保持在原本的位置上，但是飞机改变了位置！

对了，你必须知道，在
空中飞行和在地上行走
是完全不同的。
在空中飞行，你还需要增
加跟上和下有关的方向，
比在地上行走复杂很多！
在地上行走，你只需要
考虑前后左右，或者斜
前方、斜后方等方向。

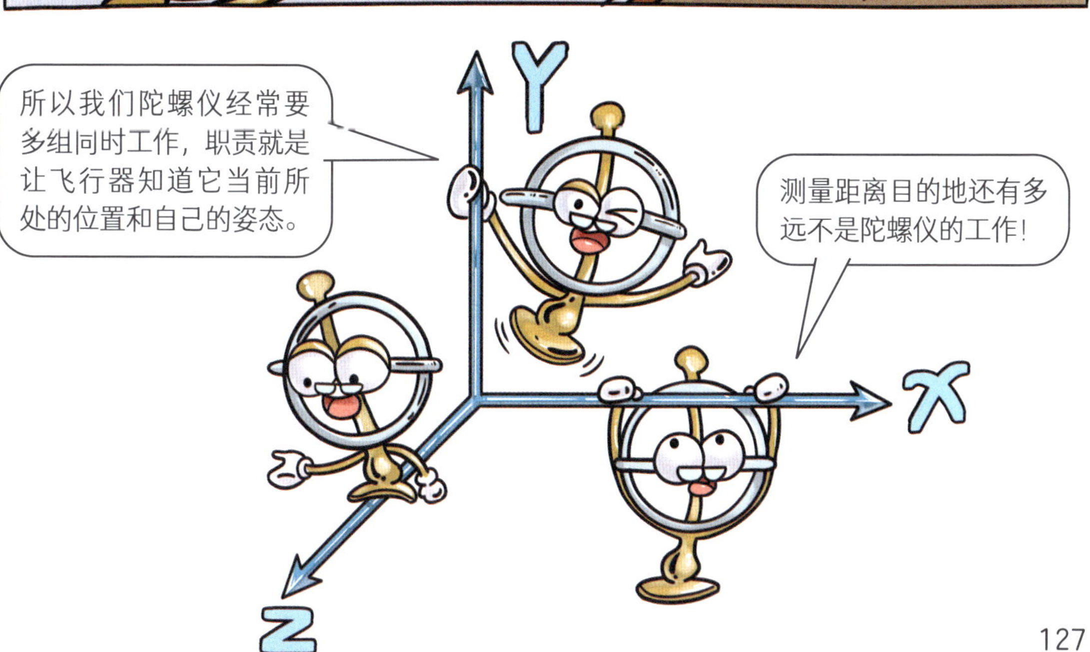
所以我们陀螺仪经常要
多组同时工作，职责就是
让飞行器知道它当前所
处的位置和自己的姿态。
Y
X
Z
测量距离目的地还有多
远不是陀螺仪的工作！

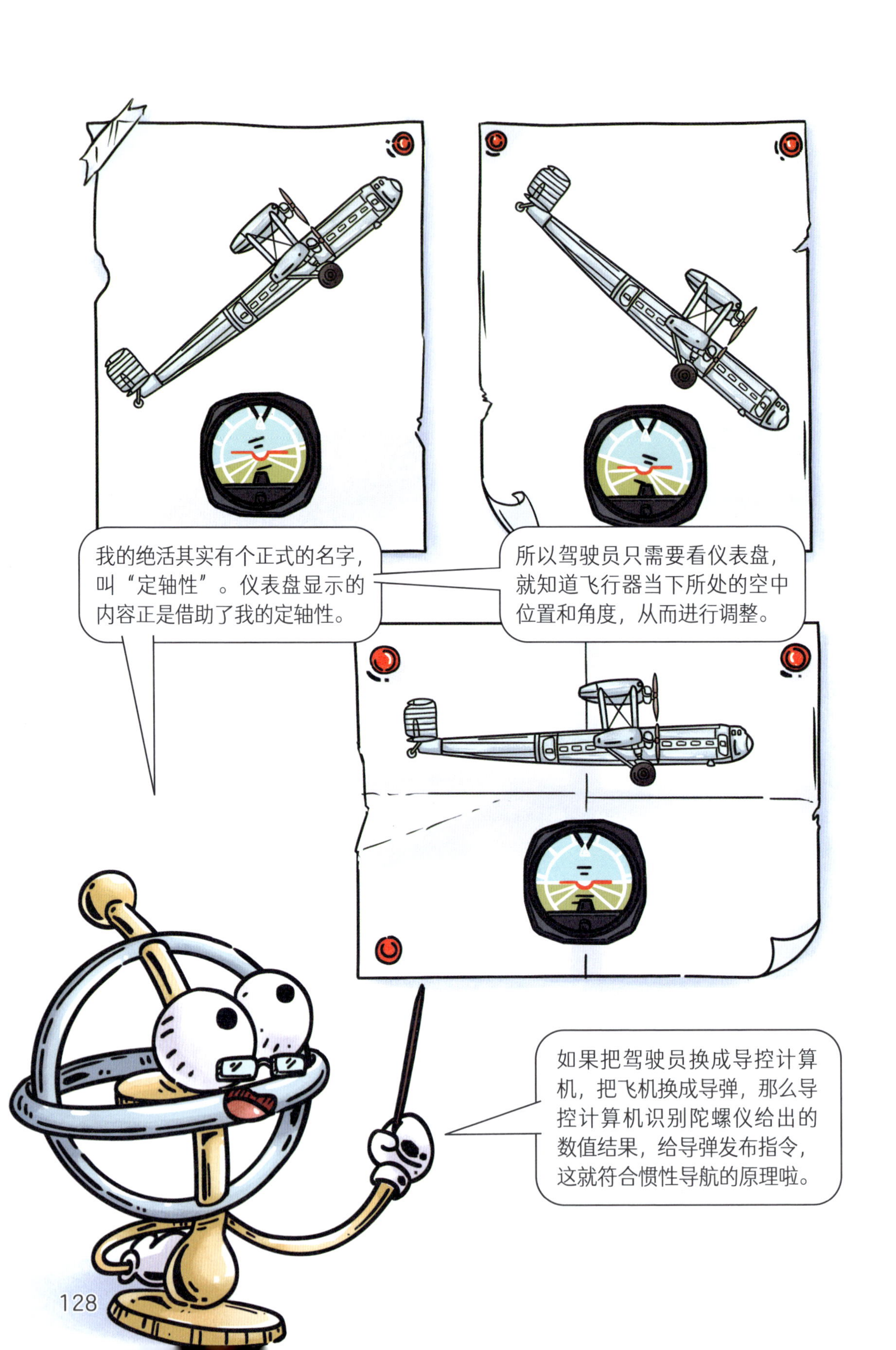
我的绝活其实有个正式的名字，叫“定轴性”。仪表盘显示的内容正是借助了我的定轴性。
所以驾驶员只需要看仪表盘，就知道飞行器当下所处的空中位置和角度，从而进行调整。
如果把驾驶员换成导控计算机，把飞机换成导弹，那么导控计算机识别陀螺仪给出的数值结果，给导弹发布指令，这就符合惯性导航的原理啦。

炮弹、制导，还有……

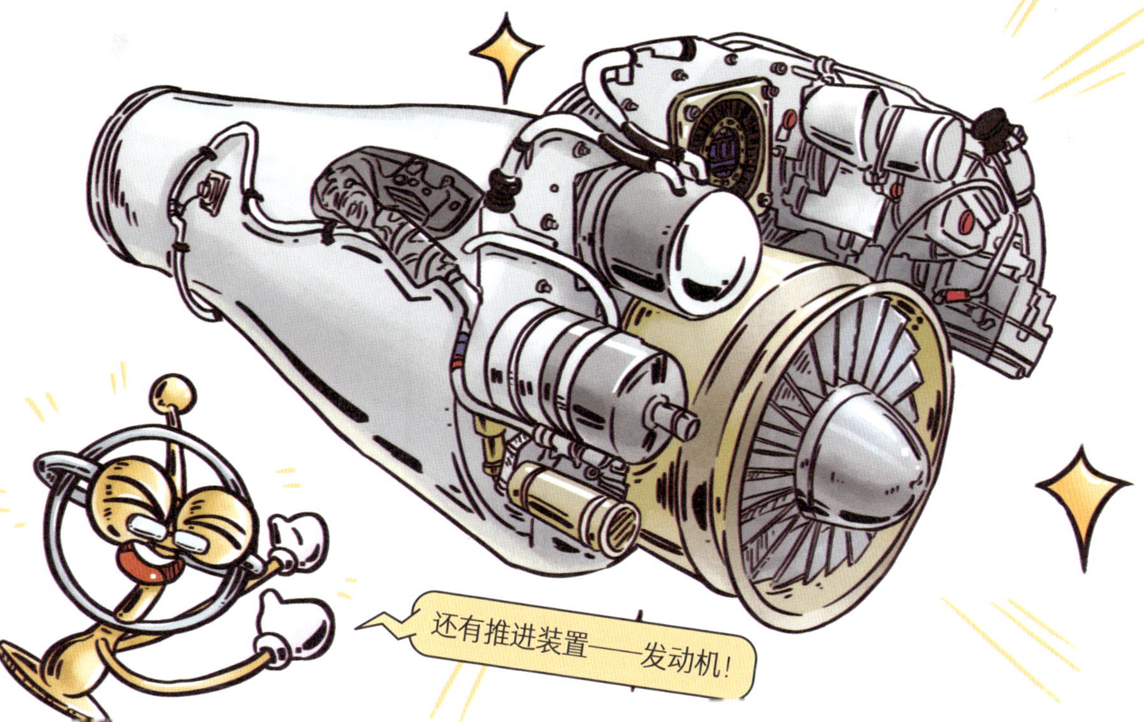
还有推进装置——发动机！

现在——是变身时刻！

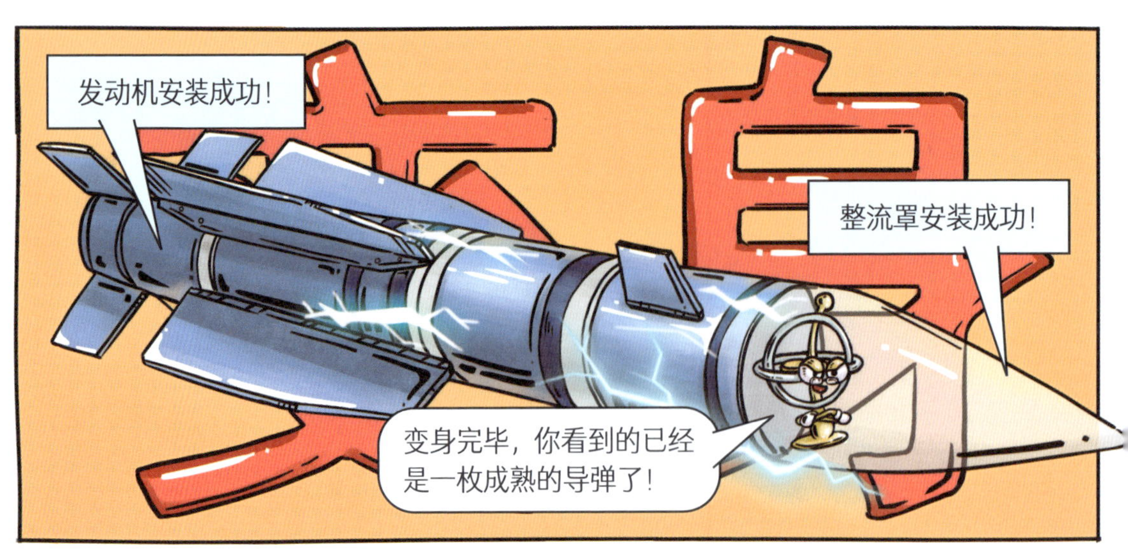
发动机安装成功！
整流罩安装成功！
变身完毕，你看到的已经是一枚成熟的导弹了！

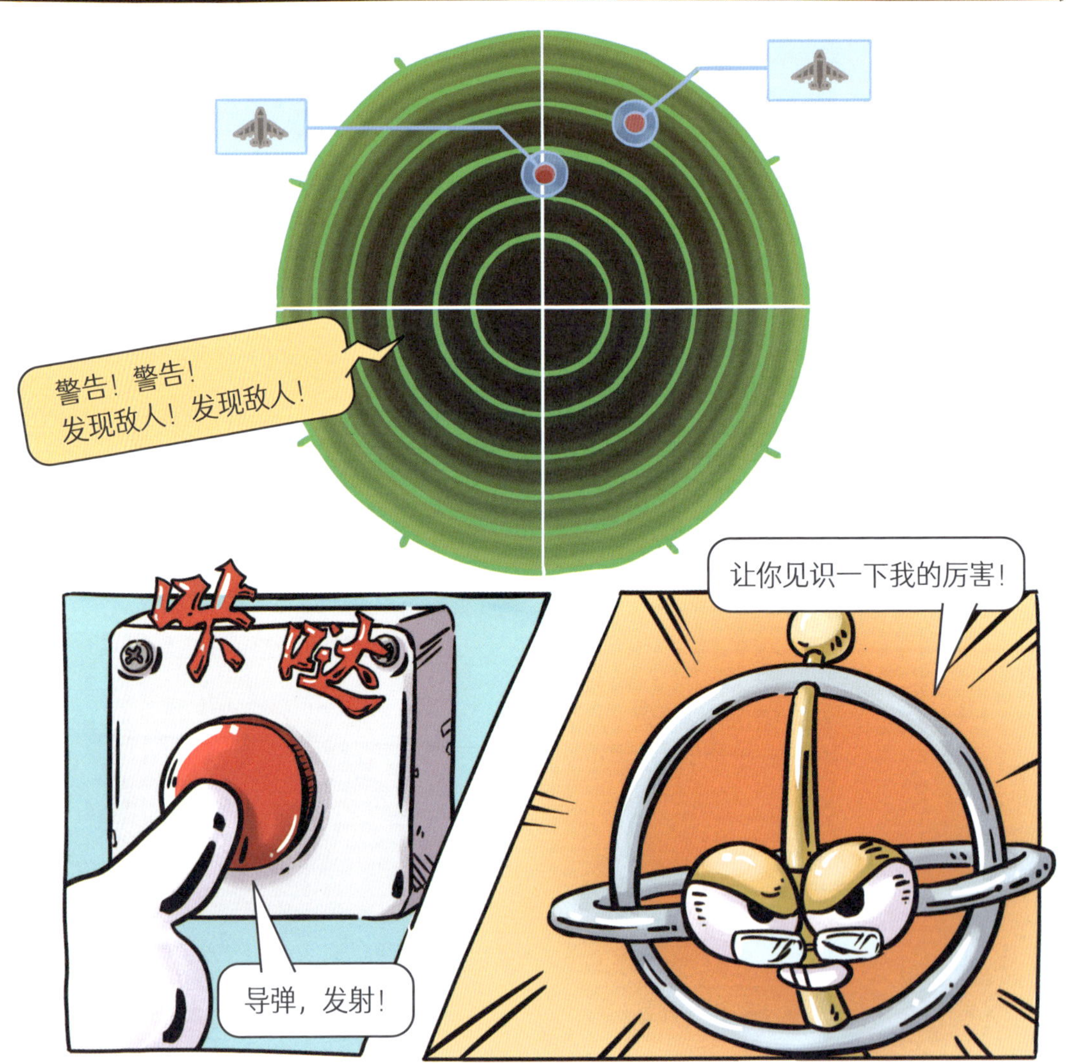
警告！警告！
发现敌人！发现敌人！
咔哒
导弹，发射！
让你见识一下我的厉害！

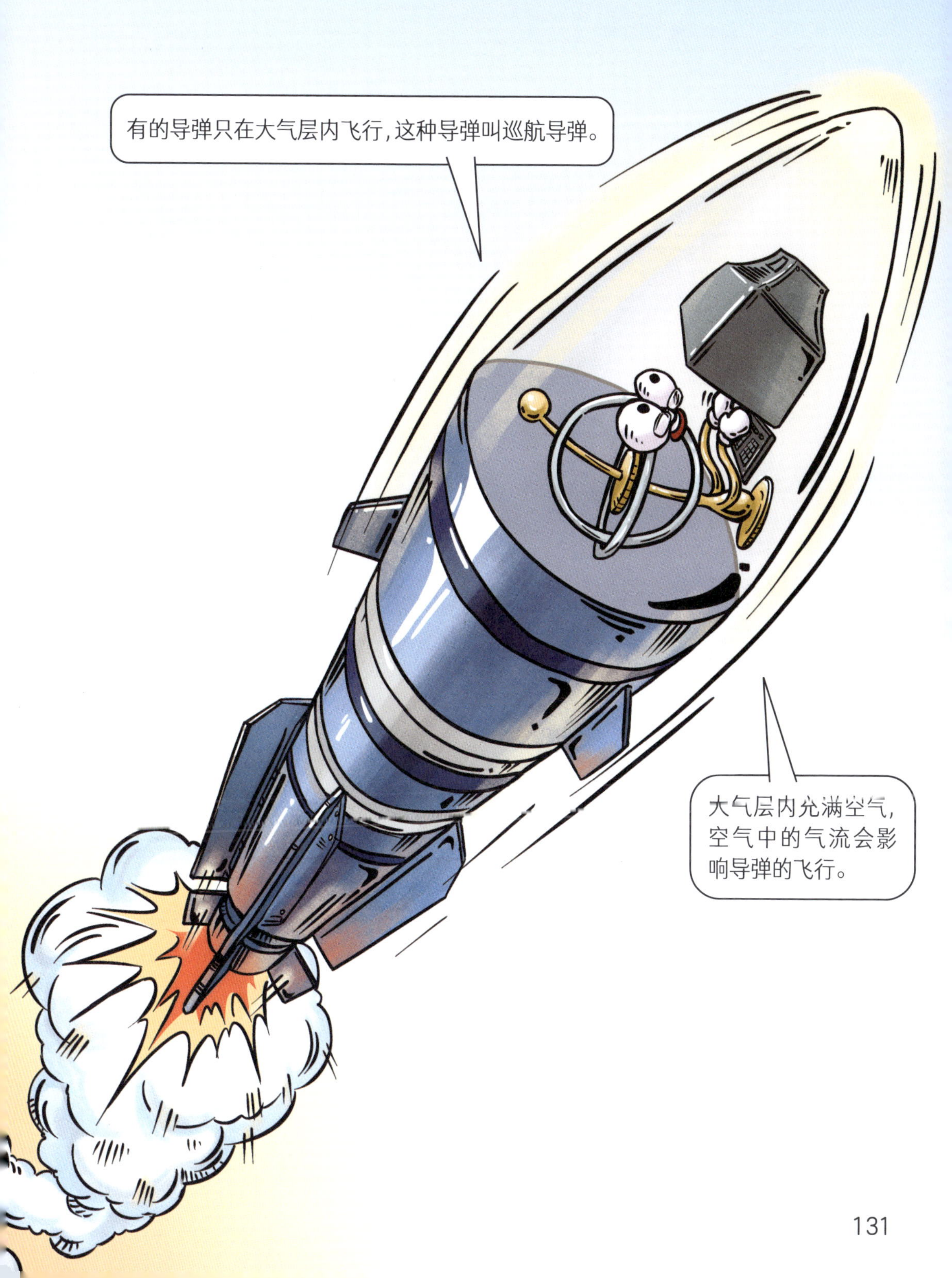
有的导弹只在大气层内飞行，这种导弹叫巡航导弹。
大气层内充满空气，空气中的气流会影响导弹的飞行。

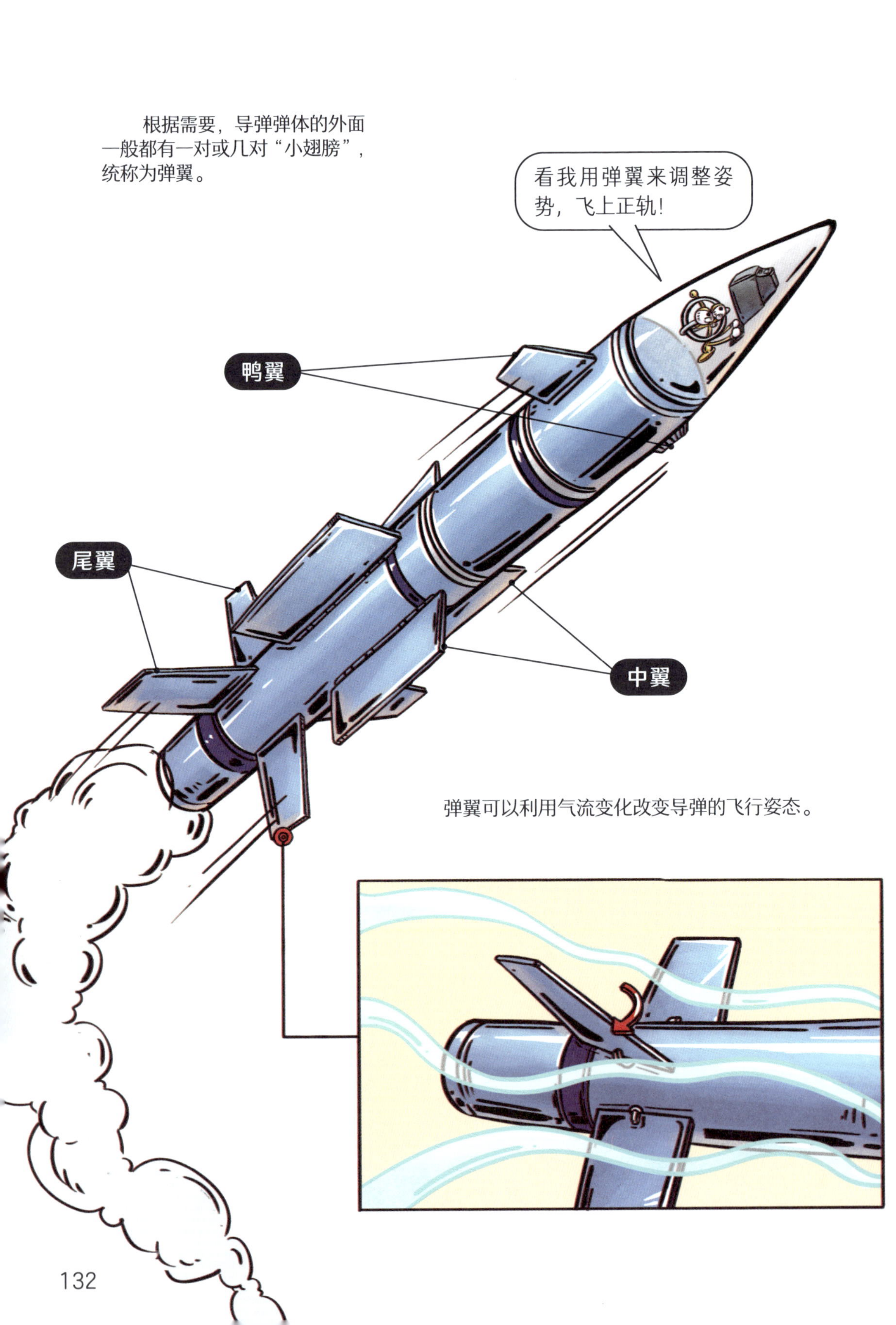
根据需要，导弹弹体的外面一般都有一对或几对“小翅膀”，统称为弹翼。
看我用弹翼来调整姿势，飞上正轨！
鸭翼
尾翼
中翼
弹翼可以利用气流变化改变导弹的飞行姿态。

但是空气可没这
么简单！

空气和水一样，在物理
学上都被归类为“流体”。

流体具有连续性，
是最复杂的物质。
剪不断

各种复杂的流体问
题，让一切计算和
预测都不可知。

$$\rho g_x-\frac{\partial p}{\partial x}+\mu\left(\frac{\partial^2 u}{\partial x^2}+\frac{\partial^2 u}{\partial y^2}+\frac{\partial^2 u}{\partial z^2}\right)=\rho\frac{Du}{Dt}$$
与流体有关的问题非常复杂，很多科学家都不清楚。
在空气中高速飞行的飞行器，会遇到非常复杂的流体问题。
换句话说，导弹在空气中飞行并没有那么轻松，它会受到各种各样的阻力。
阻力

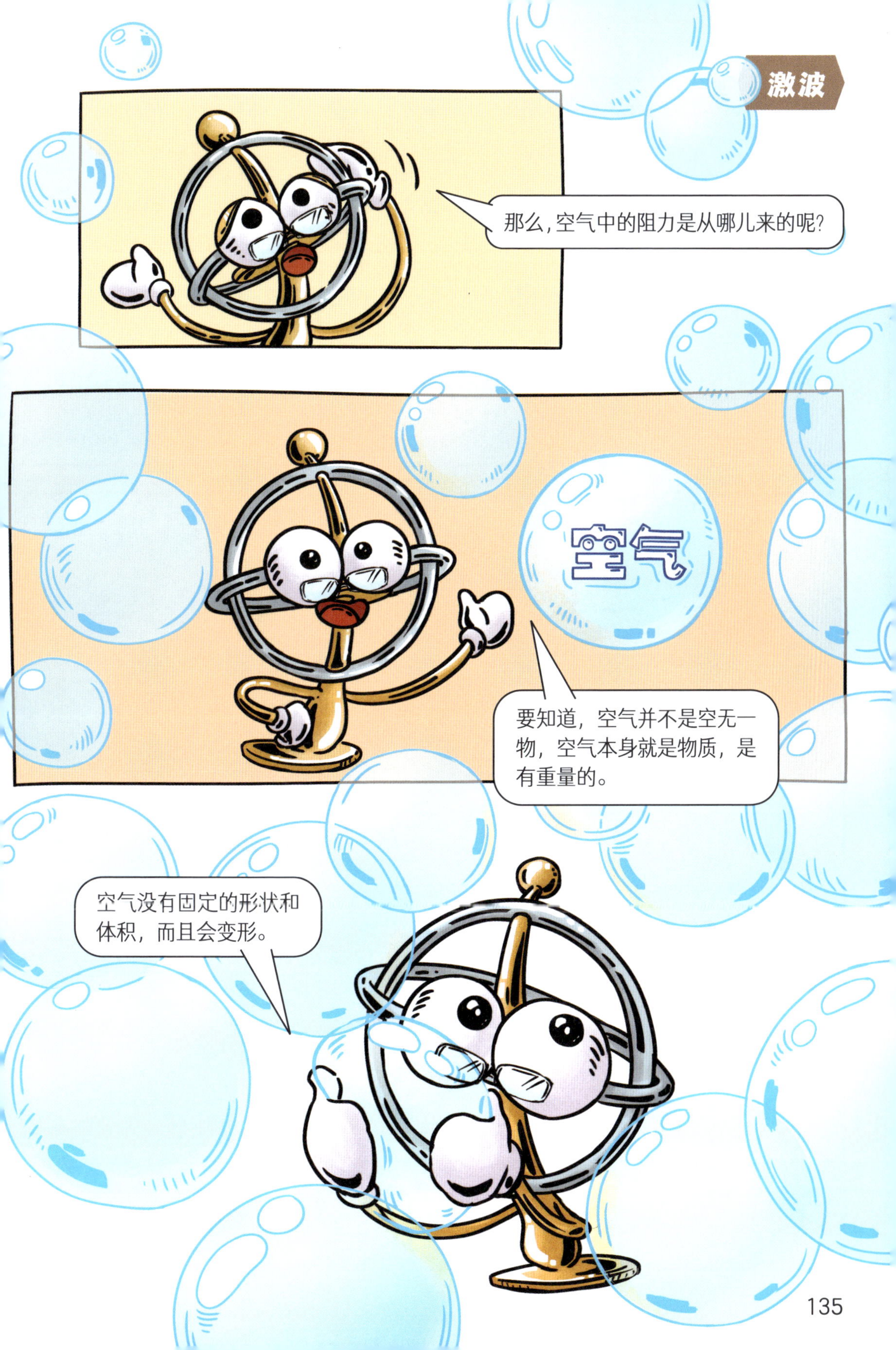
那么，空气中的阻力是从哪儿来的呢？
空气
要知道，空气并不是空无一物，空气本身就是物质，是有重量的。
空气没有固定的形状和体积，而且会变形。

空气在不同高度分布的密集程度也不一样。所以，在不同高度需要解决的流体问题也有所不同。

空气遍布在地球大气层中，这就意味着，物体前进需要把空气“推开”和“压瘪”。
前进!
但是别忘了，空气能像气球一样回弹。
如果前进速度慢，被压缩的空气快速回弹，其实是感觉不到什么阻力的。

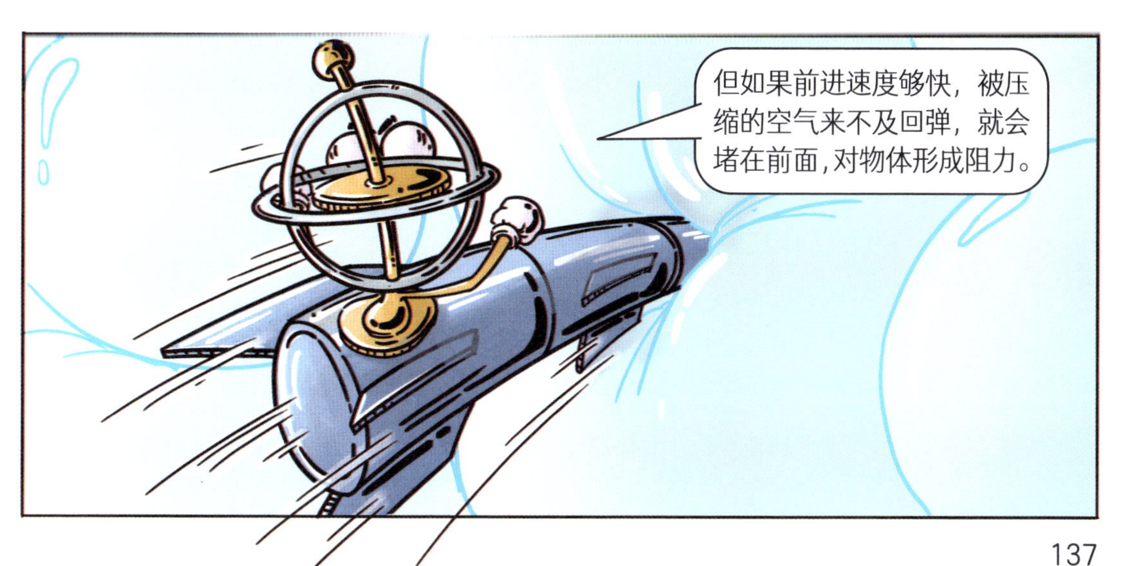
但如果前进速度够快，被压缩的空气来不及回弹，就会堵在前面，对物体形成阻力。

激波
被压缩的空气与没有被压缩的空气之间是界限分明的，它们之间会产生一层波，叫作激波。
激波就像一块挡在导弹前面的幕布，给高速行进中的导弹造成阻力和压力，限制导弹前进的速度。

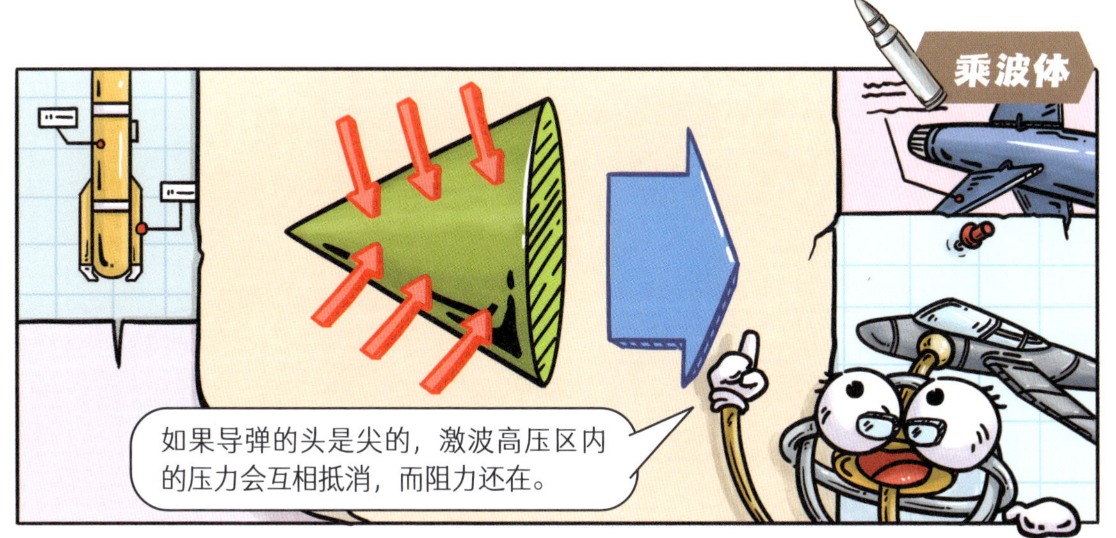
如果导弹的头是尖的，激波高压区内的压力会互相抵消，而阻力还在。

如果我削去导弹头的上半部分，导弹下方的压力仍旧存在，而上方的压力则大大削减了。

弹头不但没有被激波的压力压制，反而“乘坐”上了激波，前行得更快。这就是乘波体。

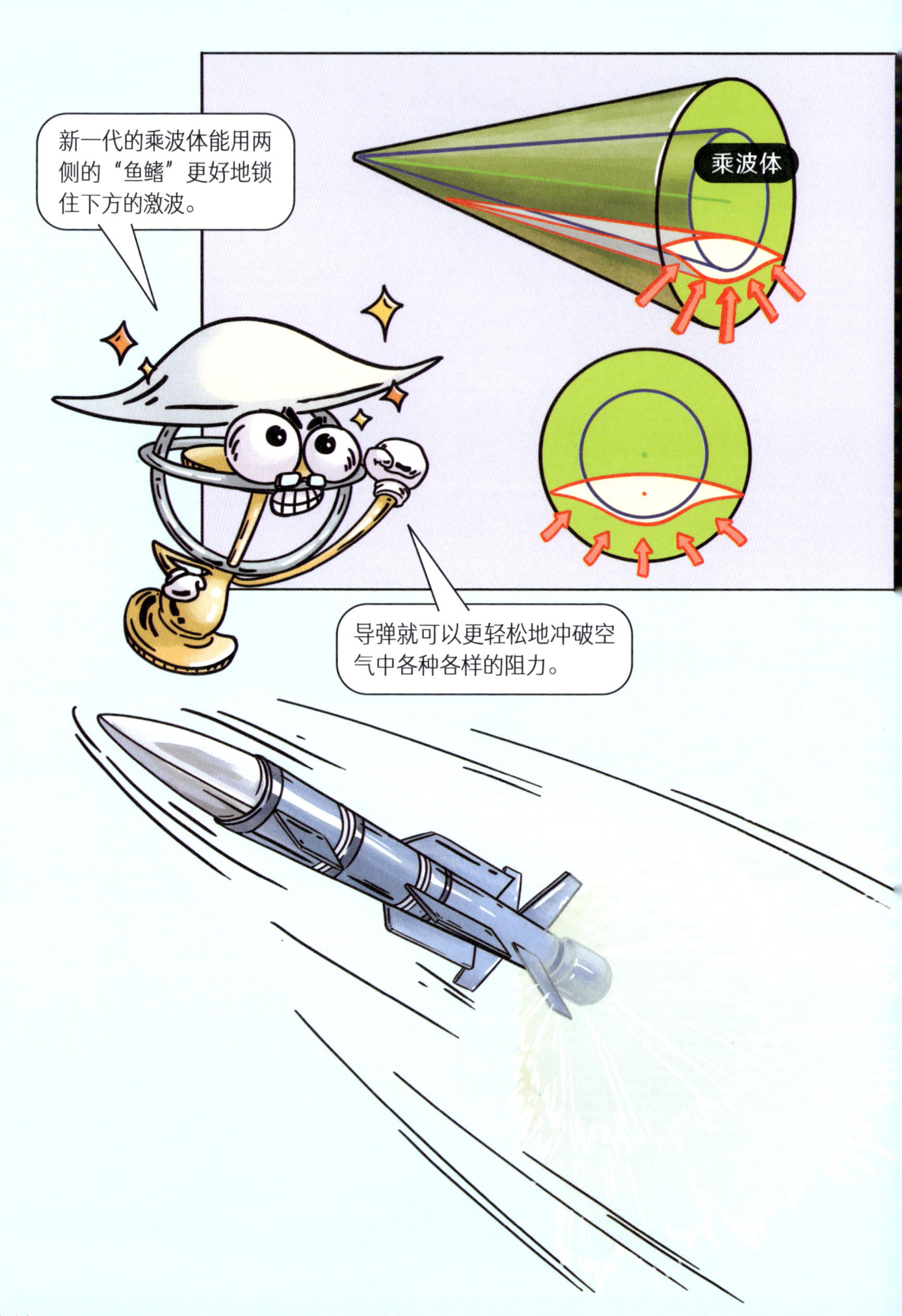

新一代的乘波体能用两侧的“鱼鳍”更好地锁住下方的激波。
乘波体
导弹就可以更轻松地冲破空气中各种各样的阻力。

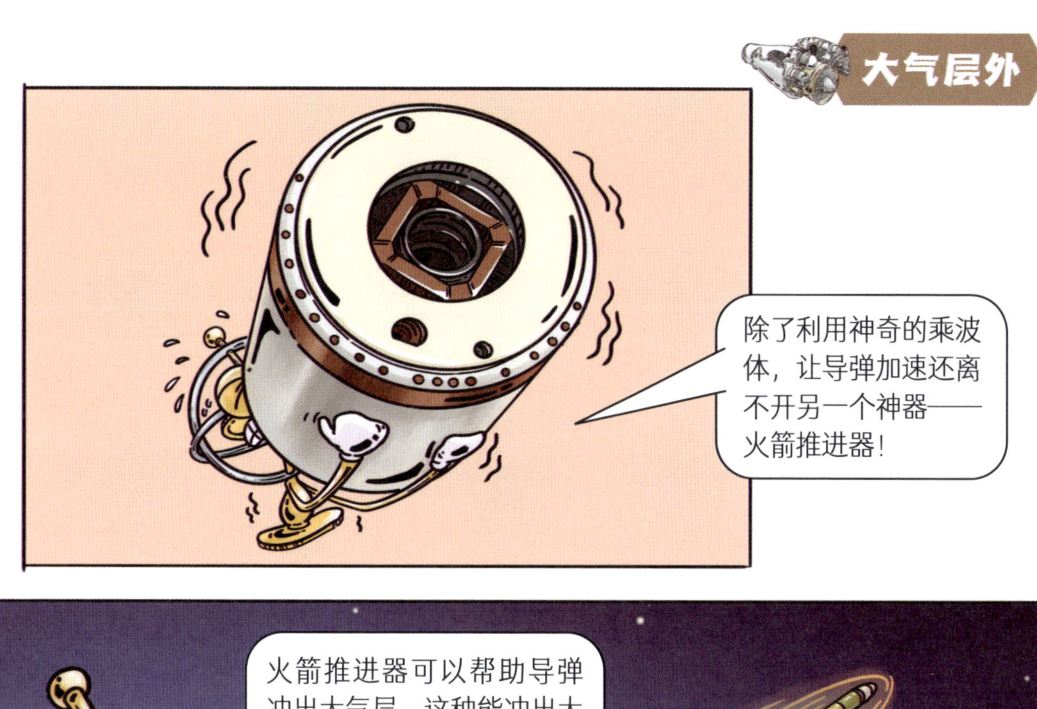
除了利用神奇的乘波体，让导弹加速还离不开另一个神器——火箭推进器！

火箭推进器可以帮助导弹冲出大气层，这种能冲出大气层的导弹就叫弹道导弹。
外太空，我来了！

级间推理框架与再入弹头
和火箭一样，巨大的多级推进发动机不跟随导弹飞出大气层。
二级推进器脱落
三级推进器脱落
一级推进器脱落
整流罩脱落

在距离地面100千米的地方，是外太空与大气层的分界线。
分界线有个名字，叫卡门线。
卡门线
此时的主推进部已经脱离导弹，而导引部正式开始了繁忙的工作。
除了用标配的惯导确定位置，导弹的各种导控方式甚至包括利用星星和太阳进行位置校正。

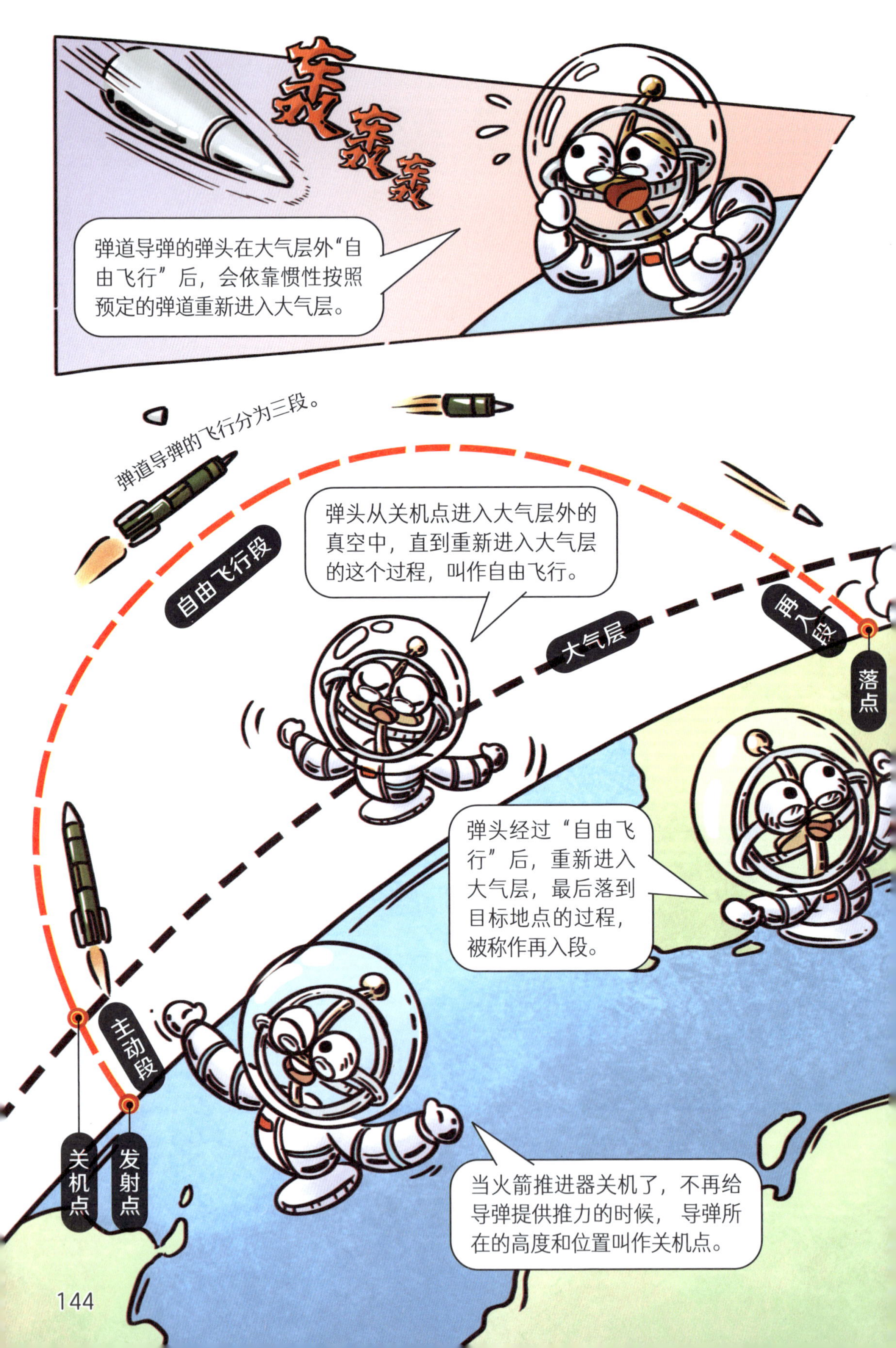
轰
轰
轰
弹道导弹的弹头在大气层外“自由飞行”后，会依靠惯性按照预定的弹道重新进入大气层。
弹道导弹的飞行分为三段。
自由飞行段
弹头从关机点进入大气层外的真空中，直到重新进入大气层的这个过程，叫作自由飞行。
大气层
再入段
落点
弹头经过“自由飞行”后，重新进入大气层，最后落到目标地点的过程，被称作再入段。
主动段
关机点
发射点
当火箭推进器关机了，不再给导弹提供推力的时候，导弹所在的高度和位置叫作关机点。

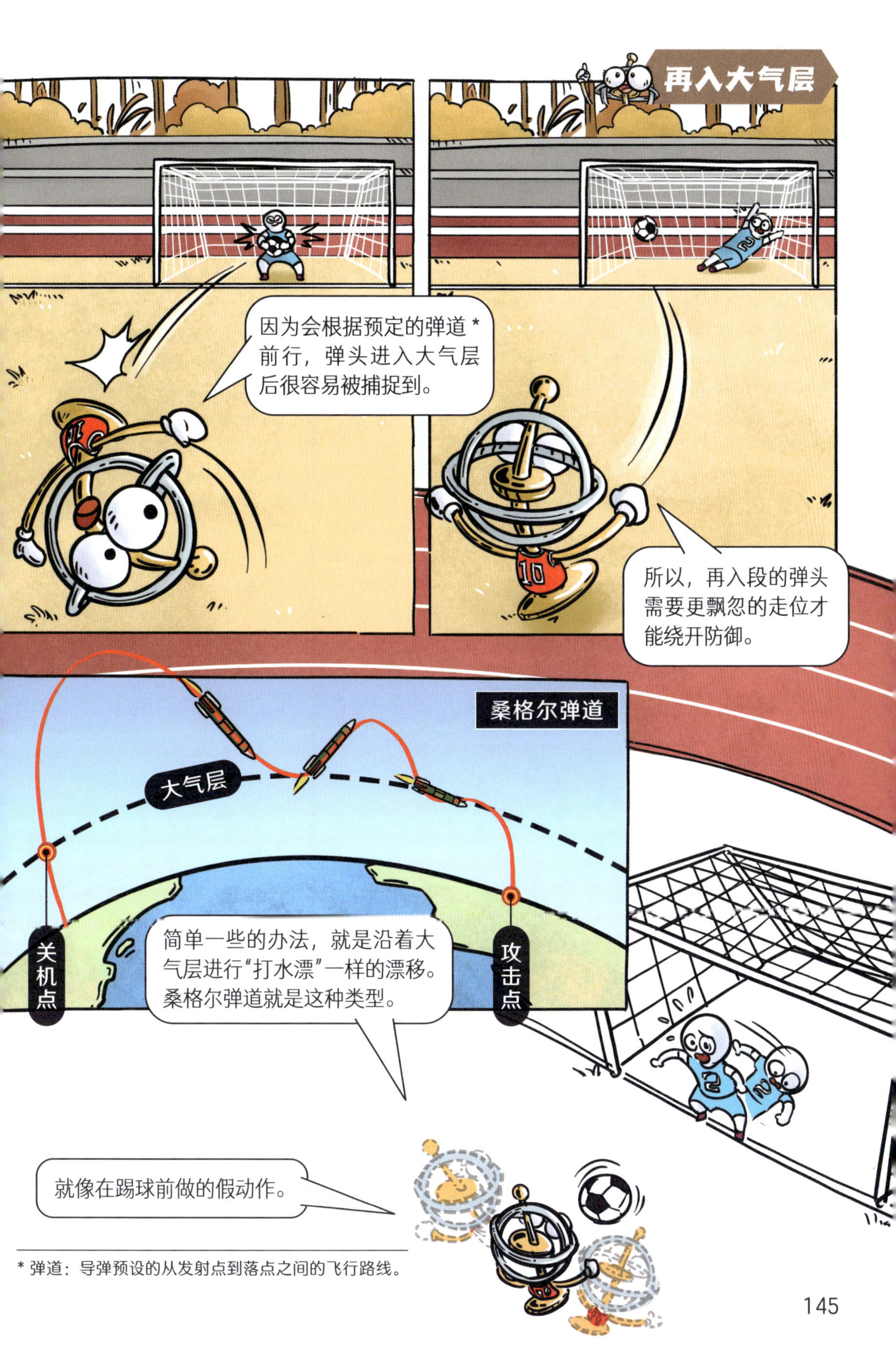

* 弹道：导弹预设的从发射点到落点之间的飞行路线。

假动作如果不能绕晕敌人，
那依然会被捕捉。
钱学森弹道
大气层
关机点
攻击点
有一种非常复杂但难以破
解的方法——在大气层内，
利用乘波体的特点，根据
随时变化的气象进行无数
次微小的“打水漂”漂移。
这种最先进的弹道，
叫作钱学森弹道。
02
10
看我增加变化，让你无法预测！

巡航导弹和弹道导弹是根据导弹的飞行方式来分类的，但导弹的分类方法还有很多种。

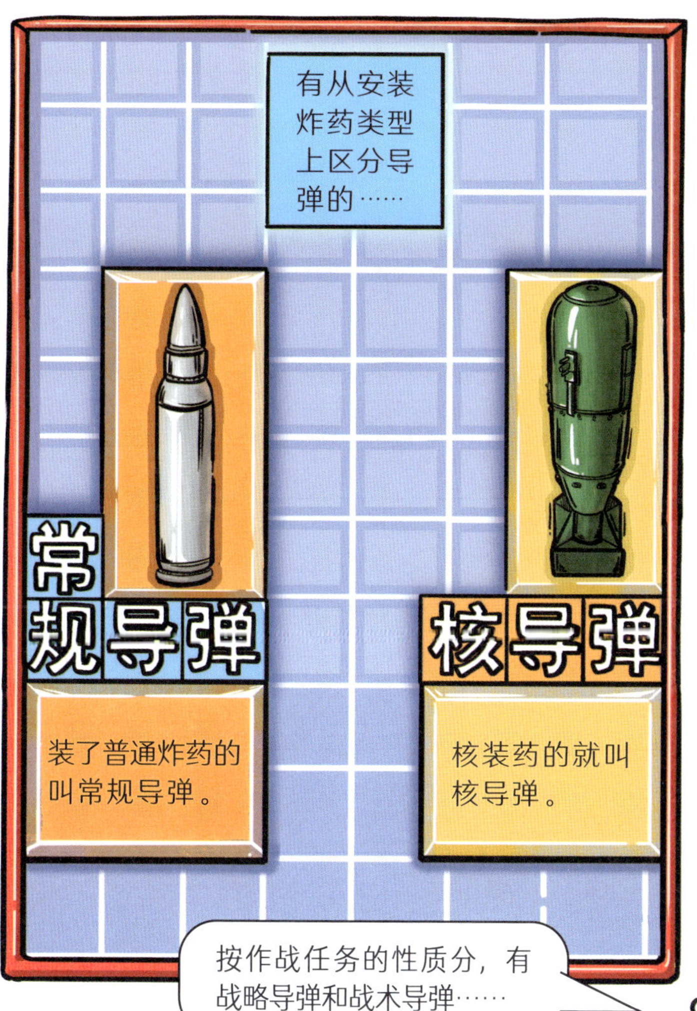
有从安装炸药类型上区分导弹的……
常规导弹
装了普通炸药的叫常规导弹。
核导弹
核装药的就叫核导弹。

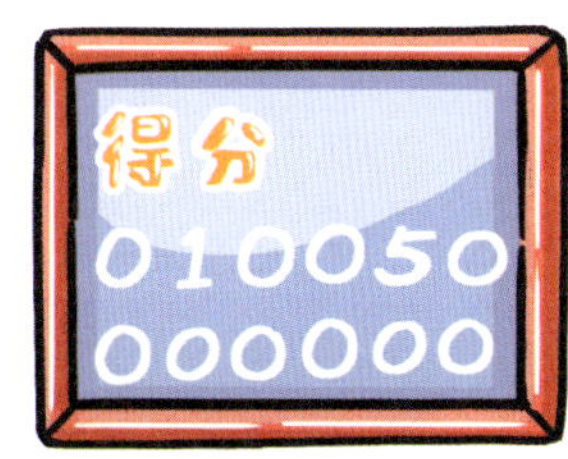
得分
010050
000000

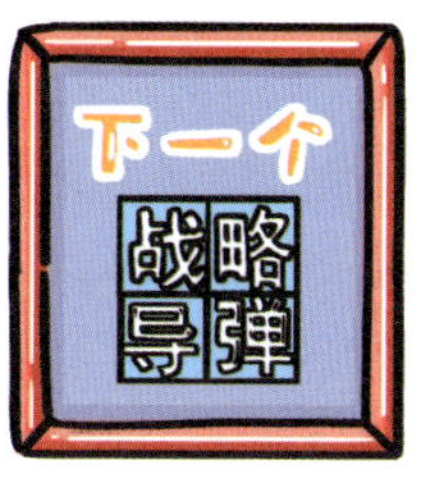
下一个
战略导弹

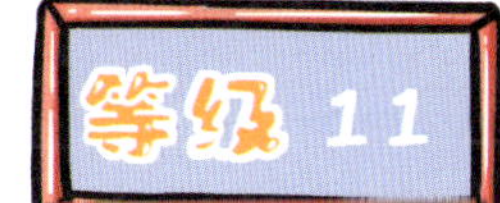
等级 11

按作战任务的性质分，有战略导弹和战术导弹……

以上这些，还不包括按射程、推进剂种类区分的导弹类别……
太麻烦了，你们记住“制导”这一特点就行了！
不过，除了这些用作武器的军用导弹，实际上还有一些民用导弹。
军用

民用导弹有各种不同的用途，比如灭火。

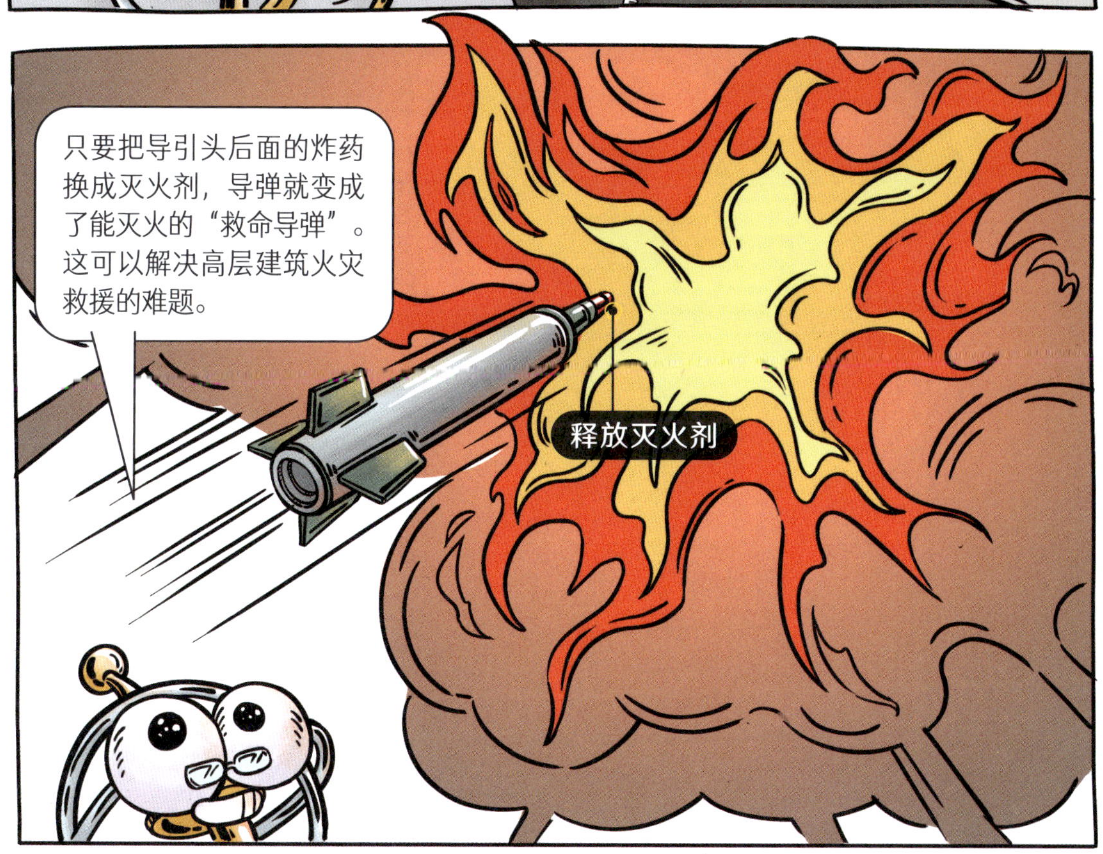
只要把导引头后面的炸药换成灭火剂，导弹就变成了能灭火的“救命导弹”。这可以解决高层建筑火灾救援的难题。
释放灭火剂

再给你讲个小知识，大推力的弹道导弹是火箭的前身哦！

导弹在机场也有用武之地。
看这架“迷路”的无人机，
在机场乱飞是很危险的，
还很可能造成空难！
准确捕捉这种无人机，对导
弹来说简直是小菜一碟。

在未来，导弹会有各种各样的新型号
和新用途，让我们一起拭目以待吧！

问　答

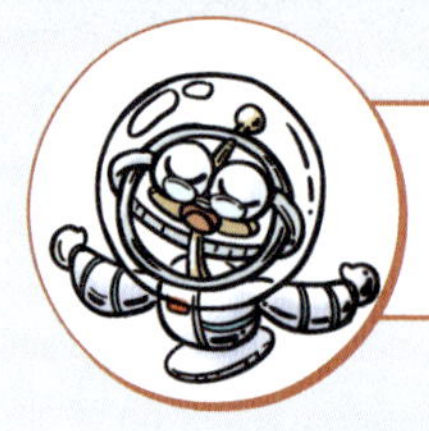

陀螺仪一直是漫画中的模样吗?

陀螺仪经历了很多代的发展，最初的陀螺仪就是漫画中的模样。

但是使用者发现，在空气中旋转的陀螺仪由于受到空气阻力、重力、摩擦力等各种力的影响，因此早早就放缓了转子的旋转速度。

而转子受到的力越小，陀螺仪就越精确——所以工程师们尝试把转子放在水中旋转。后来，工程师们还利用磁悬浮、气体悬浮等各种改进转子的悬浮方式来取代转轴，但其原理都是一样的。

不过，在气体（或液体）中悬浮的陀螺仪也不够让人满意。当有巨大且急速的外力施加时，用于悬浮的气体（或液体）也会受到相应的影响，导致陀螺仪的角度出现误差，所以这类陀螺仪只适用于低速舰艇。

目前，在气体（或液体）中悬浮的陀螺仪在军事领域基本被淘汰了。

取代悬液陀螺仪的新一代陀螺仪，足够精确吗?

当静电场技术得到发展后，隔绝空气且没有了转轴的“球形转子（rotor）”，成为新一代的陀螺仪。

这种陀螺仪，是将转子放在一个空壳内部，在壳体外对转子施加均匀但方向相反的电场，这样的转子在壳体中央处于完全悬空的状态，也就完全脱离了物体之间摩擦力的束缚。

接着再把球体内部抽为真空，空气摩擦力也随之被消除，更不会像悬液陀螺仪那样，受到悬液的影响。这就是迄今为止人类能制造出来的最精密的陀螺仪——静电陀螺仪。静电陀螺仪甚至可以达到一天的运转误差只有几纳米的程度。

这种陀螺仪目前主要被用在潜艇上，承担长时间海底巡航的导航任务。

但是，这种静电陀螺仪因为受电场强度变化的影响比较大，所以启动不能过快，也不适宜频繁启动和停止。而且，为了保持密闭不漏等特点，其生产难度和超精密加工组装的要求也是最高的，因此现在还很难进行大规模的应用。

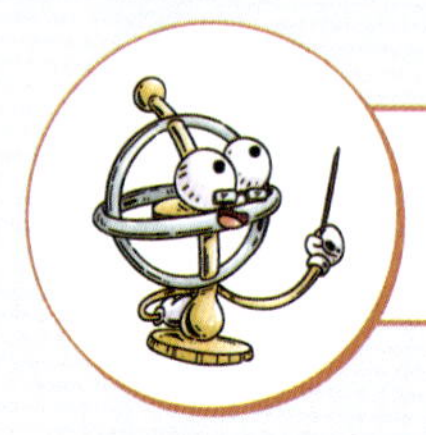

有没有便宜又好用的陀螺仪呢？

为了让陀螺仪使用起来更简单，工程师们另辟蹊径，发明了一种“不旋转”的陀螺仪——激光陀螺仪。激光陀螺仪中并不实际存在一个转子，而是通过对激光干涉的结果进行测距，来测量转量的速度。

常见的环式激光陀螺（缩写为RLG）包括一个环式激光仪，通过在同一个光路中反向传导同一光源输出的激光，根据萨格纳克效应来检测外界环形的旋转角速度——也就是当环路平面内有一个旋转的角速度时，光路之间的干涉条纹将会发生偏转。

这类陀螺仪的优点是没有移动部件，因而整体偏转后不产生摩擦力，没有悬液陀螺仪那种内在的漂移，成本也比复杂精密的静电陀螺仪降低了很多。

与传统的机械式陀螺仪相比，激光陀螺仪更为紧凑轻便，也可以通电即用。现在，激光陀螺仪广泛应用于战斗机、舰船等军用设施的惯导系统中。

为什么说手机里也有“陀螺仪”呢？

和肉眼可见的转子不同，手机的芯片里有一种微机电芯片，其内部装有“看不见的转子”，利用的是测量一个叫作科里奥利力的物理量来获得偏转值。

在旋转体系中，进行直线运动的质点由于惯性相对旋转体系会产生直线运动的偏移，这个导致产生偏移的“虚拟”力被称为科里奥利力。

简单举例来说，就如同正在旋转的转盘两端，有两个小朋友互相抛掷物体，这时抛出的物体是不会走一条“直线”的，而是产生了随着旋转而偏移的一条曲线。

当芯片通电后，通过让振动块水平振动，来诱导和探测“小音叉”上感应到的科里奥利力，从而对角速度进行测量，就是最常见到的“陀螺仪芯片”的原理了。

无论是手持手机向一侧倾斜，还是通过游戏手柄里内置的陀螺仪来控制游戏中的赛车向同侧倾斜，都是通过电信号让设备内置的一块小小的陀螺仪芯片，来告诉设备偏移的位置信息的。

为什么经常会看到弹道导弹要用车来运输？导弹都是用车来发射的吗？

和轻巧的巡航导弹不同，中远程弹道导弹有强大的推力需求，因此弹道导弹的发射从来不是一件容易的事情。

导弹车只是在阅兵之类的场合下最常看到的导弹发射平台，而只有布局丰富、机动性强的发射平台，才能配合导弹越来越远的射程，将导弹的攻击范围无限扩展到地球的每一个角落。

因此，除了使用汽车运输作为发射平台，代替早期的固定位置井下发射平台，车载发射平台同样可以转移到铁道发射平台上去。

而与井下发射平台相似的海基发射平台，也渐渐被潜艇和舰艇的发射平台所取代。

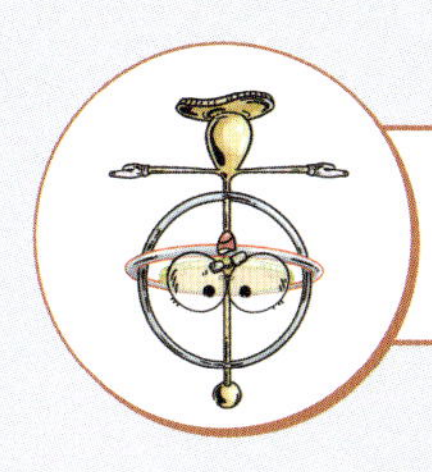

弹道导弹到底能飞多远呢?

人类历史上打击范围最大的武器就是弹道导弹。

自从德国研制出第一枚弹道导弹开始，弹道导弹就是用来进行跨国打击的——当时的德国直接从本土发射导弹，跨越了英吉利海峡，轰炸英国伦敦的市区——当然，受限于制导技术精度，当时的弹道导弹命中有效目标十分有限。

现阶段的超远程弹道导弹，又被叫作洲际导弹。通常各国军方会有自己的定义，但是普遍认为，可以跨越 5000 千米以上的射程进行打击的导弹，就是洲际导弹。

现在洲际导弹的最长有效射距，一般认为可以超过 13000 千米，最长的号称可以达到 16000 千米。

作为对比：

中国境内最远的两点，南（曾母暗沙）北（漠河）两端的距离大约为 5621 千米。

地球的最大周长——赤道的长度为 40076 千米。

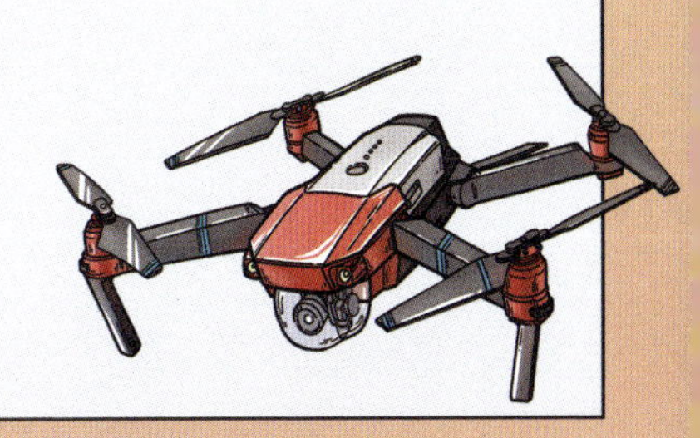

我们的发明从来不是为了战争，而是为了更好地守护每一个人！
我们的战友遍布各地。

装甲车大家族 合影留念
我们从来不是一个人
在战斗。

图书在版编目（CIP）数据

地表最强的武器战队 / 米莱童书著绘. -- 北京：北京理工大学出版社, 2024.4

（启航吧知识号）

ISBN 978-7-5763-3473-9

Ⅰ. ①地… Ⅱ. ①米… Ⅲ. ①武器—少儿读物 Ⅳ. ①E92-49

中国国家版本馆CIP数据核字(2024)第011922号

出版发行 / 北京理工大学出版社有限责任公司
社　　址 / 北京市丰台区四合庄路 6 号
邮　　编 / 100070
电　　话 / （010）82563891（童书售后服务热线）
网　　址 / http: //www. bitpress. com. cn
经　　销 / 全国各地新华书店
印　　刷 / 雅迪云印（天津）科技有限公司
开　　本 / 710毫米 × 1000毫米　1 / 16
印　　张 / 10
字　　数 / 250千字
版　　次 / 2024年4月第1版　2024年4月第1次印刷
定　　价 / 38.00元

责任编辑 / 张　萌
文案编辑 / 徐艳君
责任校对 / 刘亚男
责任印制 / 王美丽